世界のチーズ図鑑

世界起司
輕圖鑑

新鮮起司・白黴起司・洗皮

起司・藍黴起司・羊乳起司

209種世界最受歡迎的起司入門指南

NPO 法人起司專業協會　監修　　蔡麗蓉　譯

Introduction

起司的基本知識

歡迎來到迷人的起司世界……6
起司是怎麼來的呢？……8
廣受全世界喜愛的美味起司……10
起司有多少種類？……12
起司的種類……13
新鮮起司……14／白黴起司……15／洗皮起司……16／山羊起司、綿羊起司……17／藍黴起司……18／非加熱壓榨＆加熱壓榨起司……19／紡絲型起司……20／加工起司……21

`Part 1`

181種美味的世界起司

享用各種世界起司……24

■ 法國……26
西部……28／中部……38／北部、東北部……50／東部……58／奧文尼、南部……80

■ 義大利……98
北部……100／中南部……116

歐洲大陸……122
瑞士……124／西班牙……130／德國……136／奧地利……140／比利時……142／荷蘭……144

北歐……150
丹麥……152／挪威……160

英語系國家……162
英國、愛爾蘭……164／美國、紐西蘭……170

● 日本……174
日本的加工起司……182

`Part 2`

美味起司的搭配方法&祕訣

起司的歷史……186／起司的營養……188／如何選擇美味的起司……190／起司料理工具……192／怎麼切才能釋放起司的美味？……194／起司裝盤技巧……196／美味起司的搭配祕訣～飲品篇～……198／食物篇～……206／起司保存方法……209／起司名店介紹……210

`Column`

源自古代起司的「起司節」……22
令人心動的世界各國起司……173
起司工房介紹
SHIBUYA CHEESE STAND……184
起司認證執照……212

圖鑑使用方法……5
起司用語集……213

CHEESE INDEX
各國起司索引……3
起司名稱索引……216
起司種類索引……220

CHEESE INDEX
各國
起司
索引

🇫🇷 法國

西部

諾曼底卡門貝爾起司（Camembert de Normandie）➡p.30
卡門貝爾起司（Camembert）／庫唐斯起司（Coutances）➡p.31
訥沙泰勒起司（Neufchatel）➡p.32
聖歐班起司（Le Saint Aubin）／白起司（Fromage Blanc）➡p.33
龐特伊維克起司（Pont l'Eveque）➡p.34
里伐羅特起司（Livarot）／南特本堂神甫起司（Cure Nantais）➡p.35
爵亨洗友起司（Gerard Fromage Roux）➡p.36
聖摩恭起司（Saint Morgon）／露伊克夫人起司（Madame Loik）➡p. 37

中部

莫城布利起司（Brie de Meaux）➡p.40
默倫布利起司（Brie de Melun）／布利起司（Brie）➡p.41
庫洛米耶爾起司（Coulommiers）／柑曼怡布利起司（Brie au Grand Marnier）➡p.42
布里亞薩瓦漢起司（Brillat Savarin）／布爾索爾起司（Boursault）➡p.43
聖莫爾德圖蘭起司（Sainte-Maure de Touraine）➡p.44
聖莫爾起司（Sainte-Maure）／迷你樹幹起司（Mini-Buche）➡p.45
瓦朗賽起司（Valencay）➡p.46
謝河畔瑟萊起司（Selles-sur-Cher）／克勞汀·德·查維格諾爾起司（Crottin de Chavignol）➡p.47
栗子葉起司（Mothais sur Feuille）➡p.48
沙比舒起司（Chabichou du Poitou）➡p. 49

北部、東北部

瑪瑞里斯起司（Maroilles）➡p.52
芒斯特起司（Munster）／朗格瑞斯起司（Langres）➡p.53
查爾斯起司（Chaource）➡p.54
卡佩斯耶起司（Caprice des Dieux）／頂級起司（Supreme）➡p.55
查摩斯起司（Chamois d'Or）／爵亨卡門貝爾起司（Gerard Camembert）➡p.56
米莫雷特起司（Mimolette）➡p.57

東部

康堤起司（Comte）➡p.60
莫爾比耶起司（Morbier）／薩瓦多姆起司（Tomme de Savoie）➡p.61
埃文達起司（Emmental）／格呂耶爾起司（Gruyère）➡p.62
波弗特起司（Beaufort）➡p.63
阿邦當斯起司（Abondance）／瑞布羅申起司（Reblochon de Savoie）➡p.64
比考頓起司（Picodon）➡p.65
利哥特孔德里起司（Rigotte de Condrieu）／馬孔起司（Maconnais）➡p.66
夏洛來起司（Charolais）➡p.67

休伯羅坦起司（Chevrotin）／巴拉特起司（Baratte）➡p.68
聖費利西安起司（Sant-Felicien）／聖馬塞蘭起司（Saint-Marcellin）➡p.69
亞佩里菲雷起司（Aperifrais）（普羅旺斯風味／義大利風味）／孟德爾起司（Mont d'Or）➡p.70
伊泊斯起司（Epoisses）➡p.71
亞菲德里斯起司（Affiderice）／蘇曼特蘭起司（Soumaintrain）➡p.72
香貝丹之友起司（L'ami du Chambertin）➡p.73
皮耶丹古羅起司（Pie d'Angloys）／路可隆起司（Roucoulons）➡p.74
霍依起司（Rouy）／帕芙菲諾起司（Pave d'Affinois）➡p.75
巴拉卡起司（Baraka）➡p.76
爵亨精選藍黴起司（Gerard Selection Fromage Blue）／和韋爾高·薩斯納日藍黴起司（Bleu du Vercors-Sassenage）➡p.77
佛姆德蒙布里松起司（Fourme de Montbrison）➡p.78
熱克斯藍黴起司（Bleu de Gex）／布瑞斯藍黴起司（Bresse Bleu）➡p.79

奧文尼、南部

羅克福起司（Roquefort）➡p.82
科斯藍黴起司（Bleu des Causses）／布勒德奧福格起司（Bleu d'Auvergne）➡p.83
菲雷普雷吉爾德聖艾格起司（Frais Plaisir de Saint Agur）／聖艾格起司（Saint Agur）➡p.84
佛姆德阿姆博特起司（Fourme d'Ambert）➡p.85
拉奎爾藍黴起司（Bleu de Laqueuille）／莎比雪起司（Chaumes）➡p.86
羅卡馬杜起司（Rocamadour）➡p.87
佩拉棟起司（Pelardon）／聖尼古拉斯起司（Saint-Nicolas）➡p.88
羅福德格里古起司（Rove des Garrigues）／邦翁起司（Banon）➡p.89
布羅秋起司（Brocciu）➡p.90
布藍馬奇起司（Brin du Maquis）／凱耶德布爾比起司（Caille de Brebis）➡p.91
聖安德烈起司（Saint-Andre）／聖內克泰爾起司（Saint-Nectaire）➡p.92
加普隆起司（Gaperon）➡p.93
歐娑·伊拉堤起司（Ossau-Iraty）➡p.94
拿破崙起司（Napoleon）／普堤亞格爾起司（Petit Agour）➡p.95
康塔爾起司（Cantal）➡p.96
拉吉奧爾起司（Laguiole）／特拉普德須爾拿科起司（Trappe d'Echourgnac）➡p.97

🇮🇹 義大利

北部

古岡左拉皮坎堤起司（Gorgonzola Piccante）／古岡左拉多爾切起司（Gorgonzola Dolce）➡p.102
古岡左拉馬斯卡彭起司（Gorgonzola Mascarpone）／'61藍黴起司（Blue '61）➡p.103
馬斯卡彭起司（Mascarpone）➡p.104
拉杜爾起司（La Tur）／盧比歐拉起司（Robiola）➡p.105
塔雷吉歐起司（Taleggio）➡p.106
帕馬森起司（Parmigiano Reggiano）➡p.107
格拉娜·帕達諾起司（Grana Padano）／蒙他西歐起司（Montasio）➡p.108
阿夏戈起司（Asiago）➡p.109
烏布里亞可起司（Ubriaco）／格蘭蒙特歐起司（Gran Monteo）➡p.110

皮亞韋起司（Piave）／卡斯泰爾馬尼奧起司（Castelmagno）➡p.111
布拉起司（Bra）➡p.112芳提娜起司（Fontina）➡p.113
波羅伏洛起司（Provolone Valpadana）➡p.114
馬蘇里拉起司（Mozzarella）➡p.115

中南部

里考塔起司（Ricotta）➡p.118
佩科里諾羅馬諾起司（Pecorino Romano）➡p.119
佩科里諾托斯卡尼起司（Pecorino Toscano）／馬蘇里拉野水牛起司
（Mozzarella di Bufala Campana）➡p.120
布拉塔起司（Burrata）／斯卡摩扎煙燻起司（Scamorza Affumicata）➡p.121

歐洲大陸

➕ 瑞士

埃文達起司（Emmentaler）➡p.125
格呂耶爾起司（Gruyère）➡p.126
史普林起司（Sbrinz）／阿彭策爾起司（Appenzeller）➡p.127
僧侶頭起司（Tête de Moine）➡p.128
拉可雷特起司（Raclette）➡p.129

🇪🇸 西班牙

曼徹格起司（Queso Manchego）➡p.131
伊迪亞薩瓦爾起司（Idiazábal）／馬洪起司（Mahón）➡p.132
迭地亞起司（Queso Tetilla）／卡伯瑞勒斯起司（Cabrales）➡p.133
巴爾得翁起司（Queso de Valdeón）➡p.134
莫西亞山羊紅酒起司（Queso de Murcia al Vino）➡p.135

🇩🇪 德國

坎伯佐拉起司（Cambozola）➡p.137
精選卡門貝爾起司（Select Camembert）／路德威黑啤酒起司
（König Ludwig Bierkäse）➡p.138
高山香草革命起司（Mountain Herbs Rebel）／史特佩起司（Steppen）
➡p.139

🇦🇹 奧地利

克拉哈起司（Kracher）／吉肯開塞多爾特起司（Ziegenkäsetorte）
➡p.141

🇧🇪 比利時

艾爾唯起司（Herve）／奇美啤酒洗皮起司（Chimay à la Chimay
Rouge）➡p.143

🇳🇱 荷蘭

高達起司（Gouda）➡p.145
老船長高達起司（Old Dutch Master）／貝姆斯特爾精典起司
（Beemster Classic）➡p.146
陳年阿姆斯特丹起司（Old Amsterdam）／迷你高達起司（Baby Gouda）
➡p.147
埃德姆起司（Edam）➡p.148
巴席隆起司（Basiron）／格雷弗可藍黴起司（Bleu de Graven）
➡p.149

北歐

🇩🇰 丹麥

薩姆索起司（Samsoe）➡p.153
馬里博起司（Maribo）➡p.154
哈伐第起司（Creamy Havarti）／馬札瑞拉起司（Mozzarella）➡p.155
丹麥藍起司（Danablu）➡p.156
米瑟拉起司（Mycella）／卡斯特洛藍黴起司（Castello® Creamy
Blue）➡p.157
卡斯特洛白黴起司（Castello® Creamy White）／友誼卡門貝爾起司
（Friendship Camembert）➡p.158
亞拉布可起司（Arla BUKO®）／亞佩堤那菲達起司（Apeteina® FETA）
➡p.159

🇳🇴 挪威

傑托斯特起司（Gjetost）／騎士起司（Ridder）➡p.161

英語系國家

🇬🇧🇮🇪 英國、愛爾蘭

斯蒂爾頓起司（Blue Stilton）➡p.165
羅普藍黴起司（Shropshire Blue）／西部鄉村農家切達起司（West
Country Farmhouse Cheddar）➡p.166
切達起司（Cheddar）（紅・白）➡p.167
愛爾蘭波特起司（Irish Porter）／鼠尾草德比起司（Sage Derby）
➡p.168
白色斯蒂爾頓起司（White Stilton）（藍莓）➡p.169

🇺🇸🇳🇿 美國、紐西蘭

傑克起司（Monterey Jack）／寇比傑克起司（Colby Jack）／
辣椒傑克起司（Pepper Jack）➡p.171
美國奶油起司（American Cream cheese）／安佳奶油起司（Anchor™
Cream cheese）➡p.172

🇯🇵 日本

喀林帕起司➡p.176
花畑牧場十勝拉可雷特起司／鶴居銀標天然起司➡p.177
二世古 空〔ku：）起司➡p.178
現做馬札瑞拉起司／高梨北海道馬斯卡彭起司➡p.179
茶臼岳起司➡p.180
宮坂法式起司／盧比歐拉大和起司➡p.181

圖鑑使用方法

當地起司名稱（英文
字）標示

中文標示

「卡門貝爾起司」的始祖，最具代表性的白黴起司

法國／西部

諾曼第卡門貝爾起司
Camembert de Normandie

外觀
表皮覆蓋著白黴菌，內部
質地柔軟呈奶油色。

風味
風味較一般的卡門貝爾起
司更具個性，濃烈醇厚，
鹹味明顯。

香氣
完全熟成後的起司會發出
發酵臭味（阿摩尼亞臭
味）。

季節
一年四季都可以品嚐到，
但是在春天至秋天的季節
會特別美味。

DATA	
種類	柔軟（白黴）
產地	下諾曼第大區
A.O.C年	1983年
原料乳	牛乳（無殺菌乳）
熟成時間	最少21天
固體中乳脂肪含量	最低45%

洽詢　NIPPON MYCELLA

A.O.C認定的卡門貝爾起
司（Camembert），所
使用的原料乳來自原產地
諾曼第品種的無殺菌牛
乳，而且統一規定將起司
裝入木製容器中。使用無
殺菌乳的目的，是為了活
用原料乳內含的細菌，以
增添起司的風味。

❶

❷

諾曼第卡門貝爾起司（Camembert de
Normandie）是全世界第一個被製造出來的卡
門貝爾起司（Camembert），可說是卡門貝爾
起司的始祖。唯有在法國諾曼第大區，遵照傳統
製法製作而成的起司，才得以冠上諾曼第卡門貝
爾起司這個名號，生產時的規定相當嚴格，例如
只能使用無殺菌乳。

起源於1791年左右，當時有一位修道士將
故鄉的起司製作手法傳授給卡門貝爾村的農婦瑪
莉・亞雷爾，自此誕生出卡門貝爾起司。據說卡

門貝爾起司曾經進貢給拿破崙皇帝，並深得皇帝
喜愛。

與大眾經常食用，較為普遍的卡門貝爾起司
相較之下，諾曼第卡門貝爾起司風味獨樹一格，
濃烈醇厚，鹹味明顯。被白黴菌覆蓋的內部質地
十分柔軟，呈現具有光澤的黃色卡士達醬狀態。
推薦搭配同為諾曼第出產的蘋果酒一起品嚐。

＊各家公司的起司商品可能會出現不同的命名方式與分類方式。

＊本書刊載內容以2015年9月當時的資訊為準。有時會因為生產或進口地區的狀
況、法律修改而無法進口至日本。

起司的介紹❶、❷

介紹起司名稱的由來或原產地，以及
生產者（製造商）的簡介等等，此外
還會介紹如何搭配各式料理。

外觀
享用前整體外觀與內部的特
徵。熟成後的變化等等。

風味
起司在最佳狀態或熟成後入
口時的口感與風味等等。

香氣
享用前散發出來的香氣。含
在口中或吞下肚後感覺到的
香氣等等。

季節
特別美味的當令季節或最佳
品嚐時機等等。也有限時生
產的起司。

DATA

種類
起司的種類。原則上會依據
p.12起的說明進行分類，必
要時再補充其他說明。

產地
原則上會介紹可賦予該起司
風土特色的產地。若實際生
產地點不同時，會適度補充
說明。

A.O.C年等等
接受原產地命名控制（法文
為Appellation d'origine
contrôlée）的年份。會依
照認證年度與各國標示作標
記。

原料乳
說明起司原料取自何種動物
的乳汁，多以牛、山羊、綿
羊、水牛為主。

熟成時間
起司成型後，置於熟成庫
（cave）等待熟成的時間。

固體中乳脂肪含量
起司固體（扣除水分重量後
的起司）內含的脂肪含量。
標示成MG／ES（法文）。

洽詢
列出可購買或詢問起司相關資
訊的日本店家，大家也可上網
搜尋店家資訊。

歡迎來到迷人的起司世界

起司種類豐富，內涵深奧無比。
愈懂起司，挑選時愈樂在其中！
現在就帶領大家進入迷人的起司世界。

一提到「起司」，大家腦海會浮現什麼印象呢？

會想起小時候常吃的兒童起司、起司棒，還是瑪格莉特比薩最常見的馬札瑞拉起司（Mozzarella），或是最適合搭配葡萄酒的卡門貝爾起司（Camembert）和古岡左拉起司（Gorgonzola）……，應該會讓你聯想到各式各樣的起司吧？

眾所皆知，起司是以乳類作為原料製成的發酵食品，但真要叫你試著舉出「十種起司」，應該沒有幾個人可以脫口而出。說不定也沒有多少人能夠清楚分辨「天然起司」與「加工起司」的差異。儘管起司是我們很容易接觸到的食材，對它卻有很多不了解的地方。

起司的起源十分古老，據說在西元前

九千年左右，美索不達米亞開始畜養山羊或綿羊後，便曾發現起司的原型。隨著家畜文化的發展，久而久之類似起司的食品便逐漸遍及世界各地，並融入當地特色被製造出來。直到二十一世紀的現代，據說全世界的起司已經超過一千種。

為了讓大家更了解起司，並快樂地品嘗起司，便有了本書的誕生。希望大家能夠透過本書，與起司來場前所未有的邂逅！愈懂起司，你就會發現它的深奧內涵與魅力。

現在就趕快一同踏入橫無際涯的起司世界吧！

起司是
怎麼來的呢？

起司的歷史非常悠久，
傳說是「人類製作出的最古老食品」，
沒想到起司竟如此奧妙。
究竟什麼是起司？現在就來解開這個疑問吧！

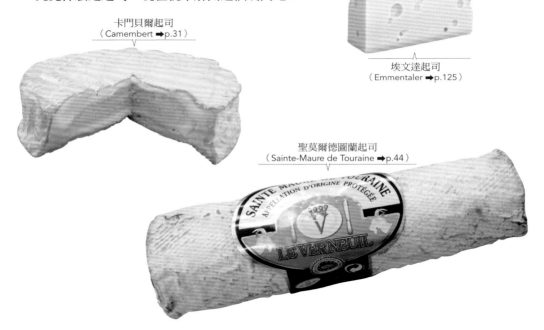

卡門貝爾起司
（Camembert ➡p.31）

埃文達起司
（Emmentaler ➡p.125）

聖莫爾德圖蘭起司
（Sainte-Maure de Touraine ➡p.44）

　　幾乎每個人都曾經吃過起司，究竟何謂起司呢？簡單來說，就是將乳類凝固，去除水分後的食品。總而言之，將乳類的蛋白質與脂質凝固後製成的食品，統稱為起司。

　　起司的主要原料，大部分皆為牛乳，但在歐洲等地，也會利用山羊、綿羊、水牛的乳汁製作成起司。

　　起司的作法五花八門，現在就來為大家介紹基本製程，了解起司究竟是如何製成的。首先要將乳類變成固體，此為第一製程，這段製程稱為凝固。有三種方法可使乳類凝固，例如藉由乳酸菌的力量進行「酸凝固」、透過酵素（凝乳酶）促成「凝乳凝固」，還有加熱形成「熱凝固」。

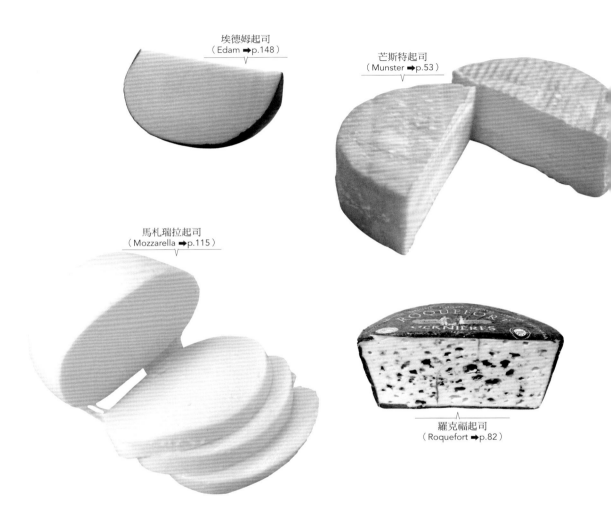

埃德姆起司
（Edam ➡p.148）

芒斯特起司
（Munster ➡p.53）

馬札瑞拉起司
（Mozzarella ➡p.115）

羅克福起司
（Roquefort ➡p.82）

　　乳類凝固成類似豆腐的狀態後，便稱作凝乳（curd）。凝乳含有水分，稱作乳清（Whey），將乳清濾除後，再入模（mold）成型，使凝乳全部黏合在一起，此為第二製程。此時再放上壓物石壓榨後，便形成硬質起司。硬質起司在濾除乳清時，還會視是否有加熱超過40℃，區分成不同製法。

　　成型後的起司，脫模後會直接加鹽（乾鹽法），或是用鹽水浸泡（濕鹽法），使之熟成。加鹽主要是為了提高保存性，所以新鮮起司也會加入極少量的鹽。每種起司熟成時間各異，短則一個星期，長則需要一年以上，需投入大量心血才得以完成一個起司。

廣受全世界
喜愛的美味起司

別以為起司是歐洲的專屬食物，
其實中東或亞洲各地自古便開始食用起司，
熱愛起司的人遍布世界各地。

起司製作歷史最悠久的國家
希臘

在歐洲，製作起司歷史最悠久的國家就是希臘。記述西元前八世紀的荷馬敘事史詩中，起司就曾經登場過。希臘起司絕大多數由山羊乳或綿羊乳製作而成，每人每年的食用量更高達三十公斤！事實上，希臘人的起司消費量也是名列全世界前幾名。

成吉思汗遠征的伴隨食物
蒙古

傳說古代蒙古民族自西元前三世紀起，就會將各種家畜的乳汁加工做成食品。蒙古最具代表性的「河羅特起司（Horoto）」，質地堅硬且酸味強勁，為其一大特色。聽說成吉思汗率領的騎兵團，便曾帶著河羅特起司一同遠征。

起司的發源地
美索不達米亞

中東流傳一個與起司有關的古老傳說：「從前，阿拉伯商隊會將乳類裝入羊胃製成的水壺中，帶著遠行。沒想到傍晚口渴想喝水時，竟從水壺中倒出白色固體與黃色液體，阿拉伯商隊戰戰兢兢地吃下白色固體後，才發現美味無比。」據說起司就是在這樣偶然的機會下誕生的。

人人喜愛的高山地區保存食品
西藏、尼泊爾

在喜馬拉雅高山地區有一種傳統起司，使用山區為數眾多的犛牛（棲息於高山地區的牛科動物）乳所製成，屬於保存食品的一種，備受大家喜愛，最大特色為乾燥後會變硬。

法國、義大利、瑞士等歐洲地區的食品，令人印象深刻的就屬起司。然而大家知道在中東與亞洲各地也發展出獨特的起司，且自古便深受人們喜愛嗎？

比方像起司發源地的中東，起司是早餐必備菜色。此外在亞洲地區，尤其是蒙古、西藏、尼泊爾等高原地帶，也盛行製作起司。

除了起司之外，應該找不到種類如此多樣化，又深受全世界熱愛的食品吧？外出旅行時，去找找當地特有的起司，也是一種樂趣喔！

隨同佛教傳來的極致美味

日本

西元六世紀，亞洲起司的原型「蘇」，隨著佛教傳進日本。原本佛教用來形容醍醐味的用語「醍醐」，指的就是起司這類的乳製品，在當時高不可攀。或許是因為品嚐過起司的人，認為起司複雜的風味，便如同佛祖無上的教誨一般深奧的緣故吧？

起司有多少種類？

起司大致上可區分成「天然起司」與「加工起司」兩種，
而天然起司還能再加以細分其他種類。
只要了解分類方式，就能快速拉近與起司的距離，
牢記清楚，就能輕鬆挑選起司！

天然起司與加工起司的差異

起司大致上分成兩種，一種為「天然起司」，靠乳酸菌與酵素產生作用，使乳類凝固後，靜待時間產生熟成變化，但是有些起司也會像新鮮起司一樣，並沒有經過熟成。本書主要是針對有乳酸菌等各種微生物存活的起司作介紹。

另外一種「加工起司」，則是將天然起司加熱後，使之融解乳化再成型，在殺菌狀態下包裝而成的產品。例如起司片就是常見的加工起司。

因應多樣化需求的起司分類法

目前日本大多依照法式分類法，將天然起司區分成七種類型。但現今全世界各類製法與種類的起司不斷進口至日本，光靠這七種分類法，已無法為所有起司進行分類。

因此，「起司專業協會」也採行依製程特徵來進行分類的方式，本書將參考這類分類法，為大家介紹不同種類的起司。

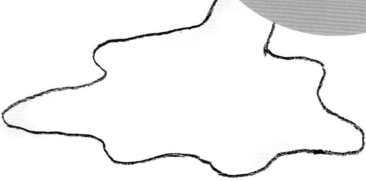

起司分類法

起司將依照下述製造方法與成品特徵進行分類，
作為大家在選購起司時的參考依據。

※此分類法並無法為所有的起司進行分類，某些起司會符合二種以上的類別。

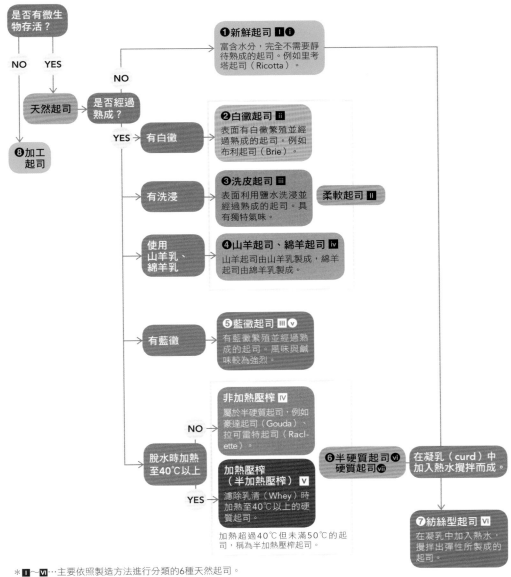

是否有微生物存活？

NO　YES

天然起司

❽加工起司

是否經過熟成？

NO

YES

❶新鮮起司 Ⅰ ⓘ
富含水分，完全不需要靜待熟成的起司。例如里考塔起司（Ricotta）。

有白黴

❷白黴起司 ⅱ
表面有白黴繁殖並經過熟成的起司。例如布利起司（Brie）。

有洗浸

❸洗皮起司 ⅲ
表面利用鹽水洗浸並經過熟成的起司。具有獨特氣味。

柔軟起司 Ⅱ

使用山羊乳、綿羊乳

❹山羊起司、綿羊起司 ⅳ
山羊起司由山羊乳製成，綿羊起司由綿羊乳製成。

有藍黴

❺藍黴起司 Ⅲ ⓥ
有藍黴繁殖並經過熟成的起司。風味與鹹味較為強烈。

脫水時加熱至40℃以上

NO

非加熱壓榨 Ⅳ
屬於半硬質起司，例如豪達起司（Gouda）、拉可雷特起司（Raclette）。

YES

加熱壓榨（半加熱壓榨）Ⅴ
濾除乳清（Whey）時加熱至40℃以上的硬質起司。

加熱超過40℃但未滿50℃的起司，稱為半加熱壓榨起司。

❻半硬質起司 ⓥⅰ 硬質起司 ⓥⅱ

在凝乳（curd）中加入熱水攪拌而成。

❼紡絲型起司 Ⅵ
在凝乳中加入熱水，攪拌出彈性所製成的起司。

＊ Ⅰ～Ⅵ…主要依照製造方法進行分類的6種天然起司。
　 ⓘ～ⓥⅱ…依照法式分類法進行分類的7種天然起司。

起司的種類 ❶
新鮮起司

口感溫和、風味圓潤
深受大家喜愛

　　意指藉由乳酸菌、酵素、加熱使乳類凝固排出水分後，不需要靜待熟成即可食用的起司。也就是說，從優格狀態濾除水分後的起司，便屬於新鮮起司。一般來說，最大特徵就是富含水分、質地柔軟，可品嚐到溫和口感與恰到好處的酸味。

　　新鮮起司包括以乳清製成的里考塔起司（Ricotta），還有增加脂肪含量製成的馬斯卡彭起司（Mascarpone），以及奶油起司、零脂肪的茅屋起司（Cottage Cheese）等等。這些起司皆十分清爽，且不帶特殊氣味，可廣泛運用於料理或甜點當中。

　　無論是否有成型，未經熟成的起司都會被歸類為新鮮起司。

製作方法介紹

＊以白起司（Fromage Blanc ➡ p.33）為例。

1. 加熱原料乳

將殺菌後的牛乳加熱至30℃左右，再加入乳酸菌促進乳酸發酵。

↓

2. 凝固原料乳

加入凝乳酶（酵素），放置14個小時左右使原料乳凝固。但有時單靠乳酸並無法使原料乳凝固。

↓

3. 脫水

牛乳凝固後，裝入布袋中濾除水分。除此之外，也有將已凝固的牛乳舀起來脫水的作法。

起司的種類 ❷
白黴起司

綿密濃醇，風味宜人
卡門貝爾起司為主要代表

　　表面有白黴繁殖，經熟成後製成的起司。由於白黴可製造出酵素，使蛋白質經酵素分解後，讓起司組織從表皮至內部開始柔軟，營造出綿密濃醇的特色風味。

　　原料乳主要來自牛乳，但也有利用山羊乳或綿羊乳製成的產品。近來在原料乳中添加鮮奶油，提高脂肪含量所製作成「雙倍乳脂起司」或「三倍乳脂起司」也頗受歡迎，風味更加綿密。

　　最具代表性的白黴起司，就是日本人熟知的卡門貝爾起司（Camembert）。除此之外，像被稱作「起士之王」的莫城布利起司（Brie de Meaux），由於大多無特殊氣味且容易入口，所以也很推薦給起司入門者享用。

製作方法介紹
＊以莫城布利起司（Brie de Meaux ➡ p.40）為例。

1. 加熱原料乳
將牛乳加熱至30℃左右，再倒入容量50〜60L的容器中。

↓

2. 凝固原料乳
加入凝乳酶（酵素），靜置2個小時左右使原料乳凝固。

↓

3. 入模成型
將已凝固的原料乳舀成薄薄一片，裝入雙層設計的模具中。靜置到隔天，等水分完成排出後，將內側模具取出倒過來放置。

↓

4. 加鹽
在表面抹鹽，隔天再倒過來，在另一側也抹上鹽，然後撒上白黴。

↓

5. 預備熟成
保存於溫度13〜15℃、濕度70〜75％的地方，預備熟成1個星期左右。

↓

6. 靜待熟成
委託熟成業者，靜待熟成 4 個星期左右。

起司的種類 ❸
洗皮起司

利用鹽水或酒精洗浸表皮形成風味飽滿的起司

　　洗皮起司正如其名，是將表面經由鹽水洗浸數次後所製成的起司。有些洗皮起司也會利用當地特有的酒類進行洗浸，例如啤酒、葡萄酒、白蘭地等等。

　　其特色在於表皮看起來紅紅黏黏的，氣味較為強烈，這些都是在洗浸表皮的過程中，因亞麻短桿菌（Brevibacterium linens）繁殖所形成的結果，食用前只要去除表皮，氣味就會變得不那麼明顯。雖然初嘗之下似乎會感受到其特殊氣味，但內部卻相當濃醇綿密，反而算得上是容易入口的起司，配酒享用十分美味。

　　最具代表性的洗皮起司，就是用鹽水洗浸後熟成的芒斯特起司（Munster）。除此之外，使用勃根第地區渣釀白蘭地（用葡萄酒渣釀製而成的酒）洗浸的伊泊斯起司（Epoisses），也是名聞遐爾。

製作方法介紹

＊以芒斯特起司（Munster ➡ p.53）為例。

1. 加熱原料乳
在進行乳酸發酵前，將前一天傍晚擠好的原料乳，加入當天早上現擠的原料乳攪拌均勻，然後加熱至35℃左右。

↓

2. 凝固原料乳
加入凝乳酶（酵素），放置1個小時左右使原料乳凝固。

↓

3. 切割
用琴弦刀切割成約1.5公分大小的塊狀。

↓

4. 入模成型
濾除水分，使用濾鍋（passoire）裝模。

↓

5. 翻轉
經數次翻轉成型後，於翌日脫模。

↓

6. 加鹽
用手在表面抹鹽。

↓

7. 靜待熟成
用鹽水洗浸再擦乾，順便檢查表面狀態，然後靜待熟成3個星期左右。

山羊起司、綿羊起司

組織柔軟、容易崩散
山羊乳具有獨特的香氣

　　「Chevre」為法文，有母山羊的意思。由山羊乳製成的起司，可獨立分類成山羊起司。雖然種類有很多種，但由於山羊乳具有獨特香氣，所以很容易分辨是否迎合個人口味。山羊起司最大特色，就是組織柔軟，容易崩散，成型後為小小一塊。大量生產於羔羊開始離乳的春天，一直到繁殖期的秋天左右為止。

　　有些山羊起司會藉由乳酸菌從內部開始熟成，有些山羊起司則為了防止乾燥，會將木炭粉或白黴撒在表皮上，再經由木炭粉或白黴的作用，從表皮開始熟成。例如瓦朗賽起司（Valencay），就是撒上木炭粉製成的起司。

　　「Brebis」為法文，有母綿羊的意思。綿羊乳不同於山羊乳，其蛋白質與脂肪粒子較大，所以綿羊起司的製作方法與牛乳起司相同，具有濃厚綿密風味。

製作方法介紹

＊以瓦朗賽起司（Valencay ➡ p.46）為例。

1.加熱原料乳

將山羊乳加熱至30℃左右，再加入乳酸菌促進乳酸發酵。

↓

2.凝固原料乳

加入少量凝乳酶（酵素），使原料乳慢慢凝固。幾乎不需要切割。

↓

3.入模成型

將已凝固的原料乳裝入金字塔造型的模具中。

↓

4.脫水、翻轉

等水分完全排出後，再脫模翻轉過來。

↓

5.撒上鹽與木炭粉

將鹽和木炭粉拌勻後撒在表面。

↓

6.靜待熟成

置於通風佳、濕度高的熟成庫靜待熟成。

起司的種類 ❺
藍黴起司

風味強烈、刺激口腔
令人一吃便愛不釋手

　　讓藍黴菌在起司上繁殖，再靜待熟成的「藍起司」，就是屬於藍黴起司的一種。藍黴起司不同於從外部熟成的白黴起司，在成型前就會撒上藍黴菌，所以會從內部開始熟成。

　　藍黴菌在成長時不可缺少氧氣，因此在起司內部需要刻意製造出縫隙，以促進藍黴菌繁殖。

　　日本最常見的，應該就是義大利的古岡左拉起司（Gorgonzola）。古岡左拉起司與法國綿羊乳製成的羅克福起司（Roquefort）、英國的斯蒂爾頓起司（Blue Stilton），一同被稱為「世界三大藍起司」。

　　藍起司給人風味強烈、口感刺激的印象，風味與鹹味也稍強一些，但是與無鹽奶油、奶油起司等一起拌勻後，就會比較容易入口，和洋梨、葡萄、蜂蜜等食物也相當對味。

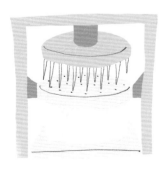

製作方法介紹

＊以羅克福起司（Roquefort ➡ p.82）為例。

1. 加熱原料乳
將綿羊乳加入藍黴菌，加熱至30℃左右，再加入乳酸菌促進乳酸發酵。

↓

2. 凝固原料乳
加入凝乳酶（酵素），放置2個小時左右使原料乳凝固。

↓

3. 切割
用凝乳刀切割成約1.5公分大小的塊狀。

↓

4. 入模
將黏著後的凝乳充分揉散，同時裝入模具中。

↓

5. 成型
移入模具的過程中，需同時翻轉過來塑型。

↓

6. 加鹽
每天逐漸將鹽抹在表面，鹽分控制在4.5%。

↓

7. 靜待熟成
用鐵籤直直地插進去留下氣孔，以幫助藍黴菌繁殖，並放在洞穴熟成庫熟成至少3個月。

↓

8. 包裝（熟成）
充分熟成後以鋁箔包裹，避免藍黴菌接觸到空氣與陽光，讓起司繼續緩慢熟成。

起司的種類 ❻
非加熱壓榨 & 加熱壓榨起司

經長時間熟成的起司
使濃醇風味更上一階

　　這是一種需經長時間熟成的起司，依硬度區分成「硬質起司」與「半硬質起司」，再視濾除水分時是否有加熱至40℃以上，分成「非加熱壓榨起司」與「加熱壓榨起司」。

　　硬質起司水分含量極少，特徵為熟成時間從數個月至數年之久。由於長時間熟成的關係，氨基酸等鮮醇風味成分增加，因此會形成一粒粒的結晶。比方像帕馬森起司（Parmigiano Reggiano）就是屬於硬質起司。

　　而半硬質起司則會在初期充滿彈性，不同種類的起司其熟成時間各異，從一個月左右到兩年以上都有，大家不妨試吃比較，找出個人喜好的熟成程度。例如高達起司（Gouda）和切達起司（Cheddar），就是屬於溫潤容易入口的起司。

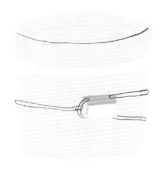

製作方法介紹

＊以帕馬森起司（p.107）為例。

1. 加熱原料乳

將前一天傍晚擠好的原料乳靜置一晚，使分離後的脂肪成分局部脫脂後，再與當天早上現擠的原料乳攪拌均勻，然後倒入鍋中加熱，再加入前幾天取出的乳清（Whey）。

↓

2. 凝固原料乳

加入凝乳酶（酵素），靜置15～20分鐘使原料乳凝固。

↓

3. 切割

使用球形凝乳刀，將原料乳切割成米粒大小。

↓

4. 脫水

攪拌加熱至55～56℃，等凝乳顆粒充滿彈性後，使凝乳顆粒沉入鍋底，去除大約一半的水分，再將成塊的原料乳用大布巾舀起，分別將一半的成塊原料乳用布巾包起來吊在鍋裡。

↓

5. 加壓成型

連同布巾裝入木製模具中，放上壓物石靜置24個小時。再以不鏽鋼模型整成太鼓形狀。

↓

6. 加鹽

脫模，然後浸泡在高濃度鹽水中3～4個星期。

↓

7. 靜待熟成

在工廠熟成庫靜待熟成一段固定的時間，之後委託熟成業者進行熟成。

起司的種類 ❼
紡絲型起司

具有彈性、可撕成絲狀
常使用在比薩與沙拉中

　　所謂的Pasta filata，是義大利文「纖維狀質地」的意思。製作起司時，若製程中會將原料擴展開來成纖維狀（這段製程稱為filatura），就可歸類為紡絲型起司。

　　最具代表性的紡絲型起司，就是瑪格莉特比薩或義式乳酪番茄沙拉中，最為人熟悉的馬札瑞拉起司（Mozzarella）。馬札瑞拉起司的組織成纖維狀，特色在於類似海綿一樣可保持水分，也就是靠這種纖維，才能營造出馬札瑞拉起司獨特的耐嚼口感。

　　義大利南部生產許多這類的紡絲型起司。曾以烤來吃的起司掀起一股話題的葫蘆型卡丘卡巴羅起司（Caciocavallo），就是屬於紡絲型起司。日本人常吃的「起司條」，其製作方法就是從紡絲型起司取得靈感。

製作方法介紹

＊以馬蘇里拉野水牛起司（Mozzarella di Bufala Campana ➡ p.120）為例。

1. 加熱原料乳
將水牛乳加熱至36℃，再加入乳酸菌促進乳酸發酵。
↓
2. 凝固原料乳
加入凝乳酶（酵素），放置1個小時左右使原料乳凝固。
↓
3. 切割
使用球形的凝乳刀，切割已凝固的水牛乳。
↓
4. 脫水
濾除水分，且靜置時須保持原料乳的溫度。
↓
5. 切碎
切碎使整體溫度一致。
↓
6. 攪拌（filatura）
加入熱水，使凝乳融化再加以攪拌。
↓
7. 成型
撕成想要的尺寸，浸泡於鹽水中。

起司的種類 ❽
加工起司

經過加工，不會再出現熟成變化的起司

　　p.14～20所介紹的「天然起司」，內有乳酸菌或其他微生物存活，相對於此，加熱就會融解的「加工起司」內，微生物則處於完全死亡的狀態，也就是說，加工起司接下來不會再出現熟成變化。

　　加工起司的主要原料，為切達起司（Cheddar）或高達起司（Gouda）這類半硬質天然起司，經由加熱使天然起司融化後，再加入乳化劑使其凝固。由於未經熟成變化，所以品質與風味十分穩定，具優異保存性。舉凡起司片或圓盒起司等等，都是屬於加工起司。

　　以天然起司或加工起司作為原料，加入香辛料、調味料、添加物後，再透過加工起司的製法製作，且產品中的起司成分重量達51%，即歸類為「起司食品」。

製作方法介紹

＊以一般的加工起司（ ➡ p.182）為例。

1.粉碎原料起司

混合一種或數種天然起司，再加以粉碎。

↓

2.加入乳化劑後加熱融解

加入乳化劑後加熱，使原料起司融解乳化。

↓

3.入模

趁熱倒入模具中，在無菌狀態下進行包裝。

↓

4.冷卻

冷卻使加工起司凝固。

Column

源自古代起司的「起司節」

大家知道11月11日是起司節嗎？
傳說日本第一塊起司，是在飛鳥時代製作出來的。
現在就帶大家了解當時被製作出來的和風起司「蘇」。

November

S	M	T	W	T	F	S
1	2	3	4	5	6	7
8	9	10		12	13	14
15	16	17	18	19	20	21
22	23	24	25	26	27	28
29	30					

11月11日為起司節

日本於西元1993年（平成四年）制定了起司節，自此之後，每年都會舉辦「起司慶典」等活動，持續推行起司普及活動。不過為什麼要訂11月11日為起司節呢？這可得回溯到一千三百年以前。

目前已知，日本製作出類似起司的最古老記錄，遠在西元七百年（文武天皇）年10月，是一種被稱作「蘇」的乳製品。這種起源自亞洲的起司，不同於歐洲起司，唯有王公貴族才得以享用，屬於庶民無從取得的高級食品。

蘇的製法目前仍不清楚，但推測是將牛乳熬煮成類似焦糖狀使之凝固後，未經熟成的起司。蘇有助於滋養健體，被視為珍寶，西元七百年10月便曾有記錄顯示，早在奈良時代就會由各地輪流上貢朝廷。而西元七百年10月相當於現代的11月，故將「起司節」定為11月11日以方便記誦。

據說後來將蘇重新製作出來後，發現其色澤與味噌雷同，且帶有牛乳的甜味與微微香氣，令人好想一嚐當時的風味啊！

重新製作出來的蘇

將牛乳熬煮後製作而成的亞洲本土起司，口感清爽，微微的乳糖甜味在口腔內散發開來，還能品嚐到牛乳風味。

古代起司 飛鳥之蘇
諮詢 飛鳥牛乳工房 http://www.asukamilk.com/

Part 1

181種
美味的
世界起司

精選181種世界各地起司，
一網打盡歐洲各國最受歡迎的
道地美味。

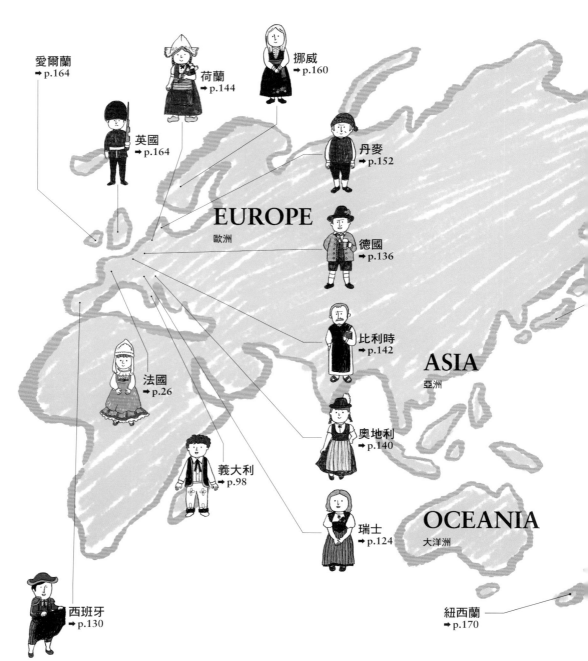

愛爾蘭
➡p.164

荷蘭
➡p.144

挪威
➡p.160

英國
➡p.164

丹麥
➡p.152

EUROPE
歐洲

德國
➡p.136

比利時
➡p.142

ASIA
亞洲

法國
➡p.26

奧地利
➡p.140

OCEANIA
大洋洲

義大利
➡p.98

瑞士
➡p.124

西班牙
➡p.130

紐西蘭
➡p.170

U.S.A
美國

日本
➡ p.174

美國
➡ p.170

享用各種
世界起司

起司是種會帶來歡樂的美食，
每種起司個性獨具，
即便原料乳來自同一種動物，
但飼育環境與起司製程的差異，
就會造就出迥然不同的風味。

本章節會依照不同國家與地區，
為大家分門別類介紹全世界的美味起司，
請大家一同來體驗。

法國

■ La France

「一村落一起司」
蘊育出形形色色
數量驚人的起司大國

La France

法國有句俗語「Un village un fromage（一村落一起司）」，用來形容起司種類非常多樣化。接下來為大家介紹的起司，全是在法國變化多端的富饒國土中，於形形色色的自然環境下蘊育出來的。起司就是一種可以充分表現出該國土地特色的食物。

舉例來說，在一年四季都會長滿翠綠牧草地的北部，這裡就能從悠閒成長的牛隻乳汁中，製造出濃醇風味的柔軟起司；在群山與平坦農地環繞的東部，則能生產出保存性佳的起司，以及綿密的洗皮起司；稍往南方邁進，就會發現各式各樣的藍黴起司；再往下來到地中海氣候的南部，就能利用山羊乳或綿羊乳製作成各種山羊起司與綿羊起司。

為尊重各地區的獨特性與多樣性，法國推出了優秀農產品保護制度「A.O.C」，就是「Appellation d'Origine Contrôlée（原產地命名控制）」的簡稱。針對生產出該產品的風土特色（Terroir）、製法、品質、規格，分別進行嚴格檢測，認定符合規定者，才授予A.O.C認證。

至2015年止，共有45種起司獲得A.O.C認證，其中大部分的起司只能於當地購得，有些也會出口至全世界。其實不少法國人根本不清楚哪些起司獲A.O.C認證，因為大家都認為自己故鄉生產的起司最美味。

＊獲A.O.C認證的起司，日後再向歐盟執行委員會申請A.O.P「Appellation d'Origine Protégée（原產地名稱保護）」並獲許可後，就能使用A.O.P標章。目前仍以歐盟認證的A.O.P標章為主流。

法國各區生產地圖
La France/Ouest
AREA MAP

法國　西部
各地最具代表性的起司

龐特伊維克起司
（Pont l'Eveque ➡ p.34）

為諾曼第大區公認歷史
最悠久的洗皮起司，彈
性佳，口感十足。

諾曼第卡門貝爾起司
（Camembert de Normandie ➡
p.30）

使用當地的無殺菌原料乳，依循
傳統製法製作而成的白黴起司，
風味醇厚，口味偏鹹，個性獨
具。適合搭配蘋果酒（Cider）享
用。

上諾曼第
Haute-Normandie
塞納河
La Seine

英吉利海峽
La Manche

康城
Caen

下諾曼第
Basse-Normandie

布列塔尼
Bretagne

大西洋
L'Atlantique

羅亞爾河
Pays de la Loire

昂熱
Angers

La Loire
羅亞爾河

Nantes
南特

南特本堂神甫起司
（Cure Nantais ➡ p.35）

十八世紀由布列塔尼的
神父製作而成的洗皮起
司，口感十足，可品嚐
到沉穩的牛乳風味。

茂綠牧草地遍布的平緩丘陵
為乳製品產業旺盛的地區

從面向英吉利海峽的諾曼第大區，一直延伸到鄰接大西洋的布列塔尼大區，整個法國西部的平緩丘陵遍布著牧草地。這個地區每年降雨量豐沛，日夜溫差平穩，綠意豐饒，具代表性的海鮮以及蘋果等農產品收穫豐盛。還有該地所製造的乳製品，其原料乳全部來自於綠意盎然牧草地上放牧的牛隻。尤其是諾曼第大區的起司，當地習慣搭配蘋果酒取代葡萄酒一起享用。另外還生產使用卡巴度斯蘋果酒（Calvados，蘋果蒸餾酒）熟成的起司。

不過近年來愈來愈多酪農業採用大量生產模式，就連過去會生產自家製起司的農家，也逐漸演變成單純生產牛乳了。

上諾曼第大區 Haute-Normandie
（㉗厄爾省、(76)濱海塞納省）

「Haute」有高地的意思，位在諾曼第大區的東方。採用豐富的優質牛乳，製作出細緻的白起司，以「訥沙泰勒起司（Neufchatel）」、「白起司（Fromage Blanc）」等起司最為聞名。

下諾曼第大區 Basse-Normandie
（⑭卡爾瓦多斯省、㊿芒什省、(61)奧恩省）

「Basse」有低處的意思，位在諾曼第大區的西方。生產傳統且個性獨具的起司，例如「諾曼第卡門貝爾起司（Camembert de Normandie）」、「里伐羅特起司（Livarot）」、「龐特伊維克起司（Pont l'Eveque）」等等。將這些起司產地連接起來，就會形成一條起司大道。

羅亞爾河大區 Pays de la Loire
（㊹大西洋羅亞爾省、㊾曼恩－羅亞爾省、(53)馬耶訥省、(72)薩爾特省、(85)旺代省）

羅亞爾河會流經上述省份，最後注入太平洋。雖然羅亞爾河大區上游具有共同的風土特性，但與布列塔尼大區一樣，皆受到居爾特文化的影響。擁有南特生產的「南特本堂神甫起司（Cure Nantais）」。

布列塔尼大區 Bretagne
（㉒阿摩爾濱海省、㉙菲尼斯泰爾省、㉟伊勒－維萊訥省、(56)莫爾比昂省）

布列塔尼大區自古被稱作布列塔尼王國，受到居爾特文化的影響，完全保留了自己獨特的文化。主要的乳製品並非起司，而是盛產使用布列塔尼鹽所製成的奶油。

＊㉗厄爾省等編號為法國省縣編號。地區、省縣的行政劃分以2015年8月為準。

「卡門貝爾起司」的始祖，最具代表性的白黴起司

諾曼第卡門貝爾起司

Camembert de Normandie

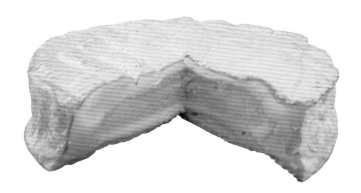

外觀 表皮覆蓋著白黴菌，內部質地柔軟呈奶油色。

風味 風味較一般的卡門貝爾起司更具個性，濃烈醇厚，鹹味明顯。

香氣 完全熟成後的起司會發出發酵臭味（阿摩尼亞臭味）。

季節 一年四季都可以品嚐到，但是在春天至秋天的季節會特別美味。

DATA	
種類	柔軟（白黴）
產地	下諾曼第大區
A.O.C年	1983年
原料乳	牛乳（無殺菌乳）
熟成時間	最少21天
固體中乳脂肪含量	最低45%

洽詢　NIPPON MYCELLA

A.O.C認證的卡門貝爾起司（Camembert），所使用的原料乳來自原產地諾曼第品種的無殺菌牛乳，而且統一規定將起司裝入木製容器中。使用無殺菌乳的目的，是為了活用原料乳內含的細菌，以增添起司的風味。

　　諾曼第卡門貝爾起司（Camembert de Normandie）是全世界第一個被製造出來的卡門貝爾起司（Camembert），可說是卡門貝爾起司的始祖。唯有在法國諾曼第大區，遵照傳統製法製作而成的起司，才得以冠上諾曼第卡門貝爾起司這個名號，生產時的規定相當嚴格，例如只能使用無殺菌乳。

　　起源於1791年左右，當時有一位修道士將故鄉的起司製作手法傳授給卡門貝爾村的農婦瑪莉・亞雷爾，自此誕生出卡門貝爾起司。據說卡門貝爾起司曾經進貢給拿破崙皇帝，並深得皇帝喜愛。

　　與大眾經常食用，較為普遍的卡門貝爾起司相較之下，諾曼第卡門貝爾起司風味獨樹一格，濃烈醇厚，鹹味明顯。被白黴菌覆蓋的內部質地十分柔軟，呈現具有光澤的黃色卡士達醬狀態。推薦搭配同為諾曼第出產的蘋果酒一起品嚐。

從諾曼第發揚至全世界
最具代表性的白黴起司
卡門貝爾起司
Camembert

全世界最受歡迎的起司，就是卡門貝爾起司。現在的製作方法十分多元化，有遵循傳統製法、使用無殺菌乳製成的卡門貝爾起司，也有雙倍乳脂的卡門貝爾起司。

外觀 表皮覆蓋著白黴菌，熟成時間愈久，內部質地就會愈柔軟。

風味 綿密溫和，熟成後會轉變成濃厚風味。

香氣 香氣較諾曼第卡門貝爾起司淡薄。

季節 一年四季皆可生產製作。等內部完全融為一體後，就是最佳賞味時機。

DATA	
種類	柔軟（白黴）
產地	下諾曼第大區
A.O.C年	無認證
原料乳	牛乳（殺菌乳）
熟成時間	—
固體中乳脂肪含量	45%

洽詢 CHESCO

　　世界各地所生產的白黴起司當中，最具代表性的就屬卡門貝爾起司。據說在1850年代，連接巴黎與法國西北部的鐵路開通後，卡門貝爾起司開始廣泛流通。1880年，A.O.C認證的諾曼第卡門貝爾起司（Camembert de Normandie）推出統一規定採用木製容器包裝的想法，使起司在運送時更為便利，更藉此從法國推廣至全世界。日本則是在1960年，由乳製品業者率先製造出來。

風味綿密
容易入口的起司
庫唐斯起司
Coutances

庫唐斯起司風味濃厚，宛如奶油一般。熟成後會散發出些許特殊氣味，成為行家偏好的風味，所以也能等到熟成後再享用。

外觀 表皮覆蓋著白黴菌，在熟成過程中，內部會逐漸轉變成糊狀。

風味 可嚐到綿密且酸甜鹹味均衡的高級風味。

香氣 香氣較卡門貝爾起司沉穩。

季節 一年四季皆可生產製作。進口後35天內為最佳賞味時機。

DATA	
種類	柔軟（白黴）
產地	下諾曼第大區
A.O.C年	無認證
原料乳	牛乳（殺菌乳）
熟成時間	—
固體中乳脂肪含量	60%

洽詢 CHESCO

　　誕生自諾曼第大區的庫唐斯起司，其最大特色為乳脂肪含量相當高。將原料乳加上鮮奶油，以「雙倍乳脂」的方式製作出高乳脂肪含量的起司。具有高級的綿密風味，再加上鹹味與微酸、微甜的巧妙調和。雖然這種新型起司誕生未滿30年，但由於沒有特殊氣味且容易入口，十分推薦給不太敢嘗試起司的人享用。

以浪漫的心型遠近馳名

訥沙泰勒起司

Neufchatel

訥沙泰勒起司最常被用來當成禮物贈送，但是鹹味明顯，熟成後特殊氣味會加重，因此送禮時應考量對方是否能夠接受。

外觀 表皮覆蓋著宛如胎毛般的白黴菌，內部質地細緻柔軟，有心型等各種形狀。

風味 風味醇厚近似奶油，帶有較強的鹹味，也可品嚐到微微的酸味。

香氣 表皮會散發出類似白黴起司般微微的蘑菇香氣。

季節 一年四季皆可生產製作。

DATA	
種類	柔軟（白黴）
產地	諾曼第大區、一部分來自皮卡第地區
A.O.C年	1969年
原料乳	牛乳
熟成時間	最少10天
固體中乳脂肪含量	45%

洽詢　Fromage

雖以心型起司打響名號，但其實訥沙泰勒起司歷史十分悠久。在被命名為訥沙泰勒起司之前，被稱作「福羅梅頓起司（Frometon）」，更有文獻記載指出，自十一世紀起，修道院曾以訥沙泰勒起司作為上繳稅金。

訥沙泰勒起司除了心型之外，受A.O.C認證的形狀還有六種，分別為圓柱型、四角型、長方型等等。

心型的訥沙泰勒起司，最早於百年戰爭時被製作出來。傳說當時訥沙泰勒村的婦女與敵國的英國士兵墜入愛河，因此才會製作心型起司送給對方。自十九世紀起，經美食家格里莫於餐廳評鑑指南書《饕客年鑑》中介紹過後，開始在巴黎大獲好評，廣受喜愛。

心型的起司稱作「可爾德訥沙泰勒起司（Coeur de Neufchatel）」，外型人見人愛，為情人節等節日人氣最旺的商品。

無特殊氣味
風味綿密的洗皮起司
聖歐班起司
Le Saint Aubin

簡樸製法製作而成的
純白起司
白起司
Fromage Blanc

經熟成後表皮會轉為淺棕色，濃醇風味也會加劇。搭配法式長棍麵包，或鄉村麵包等風味樸實的麵包一起享用，會更加美味。

直接淋上蜂蜜或果醬，就能成為一道美味甜點。有些產品脂肪含量為0%，很適合控制體重的人食用。

 表皮薄，覆蓋著白色酵母。內部為柔順的奶油狀。
外觀

沒有特殊氣味，風味綿密，入口即化。
風味

香氣不太明顯，也很推薦給不敢嘗試洗皮起司的人享用。
香氣

一年四季都可以品嚐到，但是從春天至秋天的季節最為美味。
季節

DATA

種類	柔軟（洗皮）
產地	羅亞爾河大區
A.O.C年	無認證
原料乳	牛乳（殺菌乳）
熟成時間	—
固體中乳脂肪含量	60%

洽詢　CHESCO

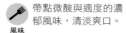 正如其名，外觀為白色。無表皮，呈現柔順奶油狀。
外觀

帶點微酸與適度的濃郁風味，清淡爽口。
風味

起司本身的香氣並不明顯，入口後會殘留發酵後的牛乳香氣。
香氣

一年四季皆可生產製作。清爽的風味很適合夏天品嚐。
季節

DATA

種類	新鮮
產地	法國全國都有 ＊照片中的起司為普瓦圖夏朗德地區所生產
A.O.C年	無認證
原料乳	牛乳
熟成時間	—
固體中乳脂肪含量	0～40%

洽詢　Fromage

　　風味綿密的聖歐班起司，誕生於羅亞爾河大區的安朱，屬於雙倍乳脂起司，經稍微洗浸後的表面，會覆蓋著薄薄一層白色酵母。

　　沒有特殊氣味，風味老少咸宜，以四角型木製容器包裝，外觀時尚，非常適合用來送禮。品嚐時若能搭配酒體中等的紅酒，或是辛味的白酒，將更為美味。

　　屬於風味樸實的新鮮起司，製作方法相當簡單，將加熱後的脫脂牛乳或全脂牛乳加入乳酸菌進行發酵，然後再加入酵素促進凝固。

　　帶點酸味，但不像優格這麼酸，風味清爽為其一大特色。不同產品的脂肪含量各異，但最多只有40%左右。

　　很適合用來當作小朋友的點心，在法國也會當成離乳食來食用。

溫潤且容易入口的洗皮起司

龐特伊維克起司

Pont l'Eveque

外觀 表皮薄，呈現淡淡的麥稈色，殘留熟成時竹簾的痕跡。內部為奶油色。

風味 風味溫潤，飽滿濃郁，帶有微微的牛乳風味與果實風味。

香氣 表皮帶有些許醬菜的香氣。

季節 一年四季都可以品嚐到，但是推薦大家品嚐5～11月所生產的起司。

DATA	
種類	柔軟（洗皮）
產地	下諾曼第大區
A.O.C年	1972年
原料乳	牛乳
熟成時間	最少14天
固體中乳脂肪含量	最低45%

監詢　Fromage

以前屬於表皮較硬，富有洗皮起司的特殊氣味與強烈風味，為個性鮮明的起司。但在第二次世界大戰後，現在已改為溫潤的風味。

　　龐特伊維克起司的產地龐特伊維克村，鄰近知名的度假勝地多維爾，在諾曼第大區可說是歷史最悠久的洗皮起司。

　　八世紀左右，於多維爾周邊地區所生產的起司統稱為「安傑羅起司（Angelo）」，龐特伊維克起司也是其中之一。在十二世紀的諾曼第史詩中，也有歌誦安傑羅起司的記載。

　　龐特伊維克村所製作的起司獨樹一格，備受公認，因此自十七世紀末開始，才改以龐特伊維克起司相稱。到了十九世紀鐵路發達之後，得以

在6小時內將起司運送至巴黎，自此龐特伊維克起司才終於能登上巴黎的中央市場，使巴黎人人都能一親芳澤。

搏得起司行家喝彩
香氣獨具的起司

里伐羅特起司

Livarot

里伐羅特起司具有獨特的
強烈香氣，較適合起司行
家品嚐。起司的風味比香
氣更為沉穩，只要將表皮
去除便容易入口。

外觀 表皮為橘橙色，側面
會纏上繩子。內部為
淡奶油色。

風味 具有彈性，風味綿
密。飽滿濃郁，熟成
愈久風味愈強烈。

香氣 熟成期間會反覆利用
鹽水洗浸，會帶有魚
醬般的刺激臭味。

季節 一年四季。製作完成
後靜置5～6週，才是
最佳賞味時機。

DATA

種類
柔軟（洗皮）

產地
下諾曼第大區

A.O.C年
1975年

原料乳
牛乳

熟成時間
最少3週

固體中乳脂肪含量
最低40%

諮詢 Fromage

神父製作而成的
布列塔尼起司

南特本堂神甫起司

Cure Nantais

風味強烈且個性鮮明的南
特本堂神甫起司，一度曾
因為無人生產而消聲匿
跡，後來在1978年再度被
製造出來，給人一種沉穩
的感覺。

外觀 表皮為黃色，摸起來
很濕潤。內部為鬆軟
的黃色質地。

風味 帶有牛乳沉穩的甜
味。風味飽滿，熟成
後具有彈性。

香氣 具有如納豆一般，是
洗皮起司特有的微淡
香氣。

季節 一年四季。春天及秋
天的產品格外美味。

DATA

種類
柔軟（洗皮）

產地
羅亞爾河大區

A.O.C年
無認證

原料乳
牛乳

熟成時間
—

固體中乳脂肪含量
25%

諮詢 ALPAGE

里伐羅特起司（Livarot）與龐特伊維克
起司（Pont l'Eveque）同屬於「安傑羅起司
（Angelo）」，為諾曼第大區具代表性的洗
皮起司之一。

特徵為側面會纏上5條被稱為「雷修」
（蘆葦的一種）的繩子，這會使人聯想到陸軍
大佐的軍服袖口，所以也被暱稱為「克羅奈爾
（陸軍大佐的意思）」。雷修原本是用來防止
外型走樣，現在多為裝飾用，大部分為紙製。

南特本堂神甫起司的歷史可回溯到1794
年前，在法國革命（1789～1799年）最混亂
之際，由移居到南特的神父製作出來。現在南
特雖隸屬於羅亞爾河大區，但在十八世紀末
是歸屬在布列塔尼大區，因此現今仍有許多
人認為南特本堂神甫起司是布列塔尼大區的
起司。可搭配同為南特生產的密斯卡岱白酒
（Muscadet，辛味的白酒）一同享用。

無時無刻美味非凡，耐長時間保存的洗皮起司

爵亨洗皮起司
Gerard Fromage Roux

以皮耶丹古羅起司（Pie d'Angloys ➡ p.74）為參考範本的洗皮起司，熟成後的爵亨洗皮起司相當容易入口，十分推薦給初嚐洗皮起司的人嘗試。

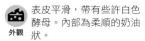 **外觀** 表皮平滑，帶有些許白色酵母。內部為柔順的奶油狀。

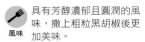 **風味** 具有芳醇濃郁且圓潤的風味，撒上粗粒黑胡椒後更加美味。

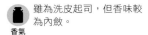 **香氣** 雖為洗皮起司，但香味較為內斂。

季節 一年四季。賞味期限內隨時享用皆十分美味。

DATA	
種類	柔軟（洗皮）
產地	羅亞爾河大區
A.O.C年	無認證
原料乳	牛乳
熟成時間	—
固體中乳脂肪含量	59%

洽詢　CHESCO

　　爵亨系列起司為柏格朗（Bongrain）公司生產，進口日本不過區區十幾年而已，但是爵亨系列起司歷史悠久，自1800年代起，夫藍受瓦‧爵亨便開始採購酪農生產的起司，再保存於自家倉庫中熟成。熟成後的起司可長期維持穩定品質，而且十分美味，因此頗受好評。爾後夫藍受瓦的後代子孫尤傑奴才正式著手製作起司，為世界第一個在同一個設施內製造起司並加以熟成的人，成為法國起司產業的先驅。

　　利用「耐長時間保存製法」*，突破洗皮起司熟成時間難以拿捏的盲點，使爵亨洗皮起司能夠隨時保持在最佳賞味時機。風味圓潤，撒上黑胡椒後，再搭配蒸熟的馬鈴薯便十分美味。

*耐長時間保存製法：將最佳賞味時機的起司放入密閉容器中，再經加熱處理，使起司停止熟成的製作方法。可長期保存半年～1年左右。

集結洗皮起司與
白黴起司優點於一身
聖摩恭起司
Saint Morgon

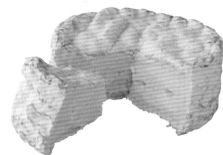

讓人想來杯波爾多等風味
穩重的紅酒，再配上法式
長棍麵包這類的樸實麵包
一起享用。

 外觀 橘色表皮上長滿白黴
菌。內部為奶油色。

 風味 帶有洗皮起司的豐盈
口感，整體給人溫潤
的綿密印象。

 香氣 洗皮起司的獨特香氣
在白黴菌覆蓋之下變
得內斂、沉穩。

季節 一年四季都可以品嚐
到，但是在秋天到春
天的季節特別美味。

DATA	
種類	柔軟（洗皮）
產地	下諾曼第大區
A.O.C年	無認證
原料乳	牛乳
熟成時間	
固體中乳脂肪含量	50%以上

洽詢 MURAKAWA

　　聖摩恭起司雖為洗皮起司，但表皮覆蓋著
白黴菌，屬於綜合型的起司。在白黴菌作用下
可抑制亞麻短桿菌，使洗皮起司整體的香氣與
風味更加沉穩，十分推薦給想嘗試洗皮起司，
但卻擔心風味過於強烈的人享用。風味宜人，
為初嚐洗皮起司者的首選。

蒜香與鮭魚風味盡在其中的
沾醬起司
露伊克夫人起司
（蒜味／鮭魚）
Madame Loik

質地柔軟，可直接塗抹在
法式長棍麵包等樸實麵包
上食用。屬於新鮮起司，
趁新鮮享用最為美味。

 外觀 白色起司為融合數種
香草的蒜味，橘色起
司為鮭魚風味。

 風味 兩者起司的風味都可
促進食欲，成為餐桌
上的亮點。

 香氣 蒜味與鮭魚風味都能
充分感受到食材的美
味香氣。

 季節 一年四季。

DATA	
種類	新鮮
產地	布列塔尼大區
A.O.C年	無認證
原料乳	牛乳
熟成時間	
固體中乳脂肪含量	蒜味62%以上、鮭魚風味65%以上

洽詢 MURAKAWA

　　露伊克夫人起司是法國人必備的抹醬型起
司，內含韭菜等數種香草，再與蒜頭與鮭魚混
合製成。除了可以直接配著蘇打餅乾或蔬菜棒
享用之外，也能為料理增添風味，用途十分廣
泛，當作義大利醬汁也非常美味。可愛的格子
花紋外包裝，除了可以在家使用，也很適合當
作禮物贈送。

法國各區生產地圖
La France/Centre
AREA MAP

法國　中部
各地最具代表性的起司

栗子葉起司
（Mothais sur Feuille ➡ p.48）

產自多沼澤地的普瓦圖地區，
放在栗子葉上熟成的山羊起
司，帶著沉穩的酸味與綿密的
獨特風味。

塞納河
La Seine

● Paris 巴黎

Île-de-France
法蘭西島

莫城布利起司
（Brie de Meaux ➡ p.40）

被稱作「起司之王」的
白黴起司，據説這種無
上的風味，早在八世紀
便已經形塑完成，而且
布利起司（Brie）的種
類十分多樣化。

La Loire
羅亞爾河

中央—羅亞爾河谷
Centre-Val de Loire

普瓦捷
Poitiers

普瓦圖—夏朗德
Poitou-Charentes

利穆贊大區
Limousin

謝河畔瑟萊起司
（Selles-sur-Cher ➡ p.47）

撒滿木炭粉的山羊起司，
木炭粉除了可以防蟲之
外，也能發揮脫水與促進
發黴的功效。

生產出王公貴族鍾愛的
白黴起司與清爽的山羊起司

法國中部這一大片區域，包含法國首都巴黎，還有穿越羅亞爾河流域的中央－羅亞爾河谷大區，再加上遠眺大西洋的普瓦圖－夏朗德大區，以及緊鄰內陸的奧文尼大區，廣大且平坦的土地一望無際，屬於農業盛行的地區。酪農業在巴黎所在的法蘭西島大區已行之有年，但據說在八世紀左右才開始製作布利起司（Brie）。

從中央羅亞爾河谷大區，延伸至普瓦圖夏朗德大區一帶的羅亞爾河流域，包括普瓦圖、圖賴訥、貝里等地區，皆為山羊起司產地。同時當地也生產葡萄酒，而且辛味到甜味都有，風味宜人，這些葡萄酒統稱為「羅亞爾葡萄酒」。不過山羊起司與辛味的白酒最為對味，可說是代表當地風土特色的風味。

法蘭西島大區 Île-de-France

（❼❺巴黎省、❼❼塞納馬恩省、❼❽伊夫林省、❾❶埃松省、❾❷上塞納省、❾❸塞納聖但尼省、❾❹瓦勒德馬恩省、❾❺瓦勒德瓦茲省）

為法國首都圈，過去是王公貴族打獵享樂、綠意盎然的地區。產自巴黎周邊的「莫城布利起司（Brie de Meaux）」、「默倫布利起司（Brie de Melun）」為法國最具代表性的白黴起司。

利穆贊大區 Limousine

（❶❾科雷茲省、❷❸克勒茲省、❽❼上維埃納省）

終年氣候溫暖的地區，東側與奧文尼大區相鄰，而且科雷茲省被公認為奧文尼當地重量級起司，具A.O.C認證的「康塔爾起司（Cantal）」產地。

普瓦圖－夏朗德大區
Poitiers-Charentes

（❶❻夏朗德省、❶❼濱海夏朗德省、❼❾德塞夫勒省、❽❻維埃納省）

位於羅亞爾河流域，自古便以山羊起司名聞遐邇。據說自八世紀撒拉森人將山羊起司引進此地區後，才開始流傳至法國各地。

中央－羅亞爾河谷大區
Centre-Val de Loire

（❶❽謝爾省、❷❽厄爾－羅亞爾省、❸❻安德爾省、❸❼安德爾－羅亞爾省、❹❶羅亞爾－謝爾省、❹❺盧瓦雷省）

位於法國中部的廣大穀倉地帶。羅亞爾河沿岸的圖賴訥、貝里等地區以山羊起司最為聞名，所生產山羊起司質地細緻且綿密，外型也獨樹一格，有些還會覆蓋上木炭粉、麥稈、葉子。

＊❼❺巴黎省等編號為法國省縣編號。地區、省縣的行政劃分以2015年8月為準。

號稱「起司之王」的洗練風味

莫城布利起司

Brie de Meaux

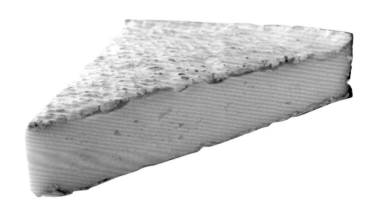

外觀	直徑36～37公分的圓盤型，有白黴菌覆蓋。內部質地柔軟，熟成後呈現奶油狀。
風味	質地豐盈，具有洗練、飽滿、濃厚的風味。熟成愈久，質地會變得更加柔順且入口即化。
香氣	香氣會使人聯想到菇類，具有高雅的白黴菌香氣，帶有牛乳發臭後的強烈氣味。
季節	一年四季，但是在春天至秋天季節格外美味。

DATA	
種類	柔軟（白黴）
產地	法蘭西島大區以外的地區
A.O.C年	1980年
原料乳	牛乳（無殺菌乳）
熟成時間	最少4週
固體中乳脂肪含量	最低45%

洽詢　Fromage

與同地區生產的默倫布利起司（Brie de Melun ➡ p.41）以及庫洛米耶爾起司（Coulommiers ➡ p.42），共稱為布利起司（Brie）三兄弟。與個性鮮明且狂野派的默倫布利起司相較之下，莫城布利起司與庫洛米耶爾起司風味較為圓潤。

　　布利起司被視為優雅的起司，長期深受法國人喜愛，傳說與王公貴族關係密切。

　　八世紀法國皇帝開始嘗試食用莫城布利起司，查理一世嚐後更表示：「這是朕吃過最美味的食物」。此外坊間更流傳，路易十六世為了在瓦雷納這個城鎮取得布利起司，甚至不惜停下馬車，結果落入革命派手中⋯⋯。

　　莫城布利起司之所以會被稱作「起司之王」，是因為在1815年的維也納會議，從超過60種起司中脫穎而出，贏得全場一致認同，被冠以最高榮譽，當時的奧地利首相更稱讚：「布利起司乃起司之王，為最完美的甜點」。

　　莫城布利起司直徑達36～37公分，超出白黴起司一般規格，風格獨具。若要搭配葡萄酒，以氣質典雅的波爾多紅酒最為適合。

布利起司三兄弟中
特殊氣味最明顯的一款
默倫布利起司
Brie de Melun

默倫布利起司的風味別樹一格，具有男性象徵。在法蘭西島大區的默倫鎮，每年都會舉行默倫布利起司慶典。

 外觀 表皮上有薄薄一層混雜著咖啡色的白黴菌，熟成時間愈久，整個起司就會變成深咖啡色。

 風味 風味強勁且濃厚，鹹味與酸味也很明顯，具有特殊氣味，充滿男性特徵的起司。

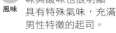 **香氣** 可品嚐到混雜著菇類與麥稈般，充滿野趣的香氣。

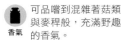 **季節** 一年四季。夏天至冬天的季節格外美味。

DATA	
種類	柔軟（白黴）
產地	法蘭西島大區以外的地區
A.O.C年	1980年
原料乳	牛乳（無殺菌乳）
熟成時間	最少4週
固體中乳脂肪含量	最低45%

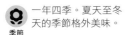 洽詢 Fromage

　　默倫布利起司屬於「布利起司三兄弟」其中一員，在三兄弟當中風味最為獨樹一格。這種風味是在牛乳凝固之際，利用乳酸菌發酵後，再加上長時間熟成才得以蘊釀出來。現代人偏好無特殊氣味的起司，所以製造費時的默倫布利起司並不受到青睞，產量逐年下降，但是許多人實際品嚐過後，都會為它強勁的濃郁風味所傾倒。

最多廠商量產
足以代表法國的起司
布利起司
Brie

未經熟成的布利起司，與短時間熟成的卡門貝爾起司（Camembert）一樣，內部正中央的質地較硬，所以建議大家靜待充分熟成，內部質地完全轉為入口即化後再行享用。

 外觀 表皮薄，覆蓋著白黴菌。熟成時間愈久，就會從周圍開始轉變成糊狀。

 風味 綿密濃醇，風味極為高雅。

 香氣 香氣雅緻，熟成後的香味也不會令人排斥。

季節 有各種樣式，一年四季都可以品嚐到。

DATA	
種類	柔軟（白黴）
產地	法蘭西島大區以外的地區
A.O.C年	無認證
原料乳	牛乳
熟成時間	—
固體中乳脂肪含量	最低60%

洽詢 CHESCO

　　目前全世界有許多廠商都在生產布利起司，但以增加乳脂肪含量，口感經改善的產品格外受到歡迎。巴黎東方的布利地區，自八世紀起便生產許多白黴起司。當時代演變至1790年代左右，布利地區的修道士逐漸將當地的白黴起司流傳開來，而且據說卡門貝爾起司就是源自於此。同時品嚐布利起司與卡門貝爾起司，兩相比較一下也別有一番樂趣。

飽滿的濃醇度
有著類似堅果般的風味

庫洛米耶爾起司

Coulommiers

此種沒有固定的一套製
法，每個鄉鎮都會製作出
展現當地特色的庫洛米耶
爾起司。生產此種起司的
村民皆認為，故鄉所生產
的庫洛米耶爾起司才是所
有布利起司的始祖。

外觀 表皮覆蓋著白黴菌。
內部泛著淡黃色，熟
成後會轉變成糊狀。

風味 風味綿密溫和。剛開
始熟成時會帶有清爽
的酸味。

香氣 幾乎沒有特殊香氣。
當起司散發出微微酸
味時，代表正在進行
熟成。

季節 一年四季。若為農家
生產的話，建議品嚐
春天至初秋所生產的
起司。

DATA

種類
柔軟（白黴）

產地
法蘭西島大區
＊照片中的起司為諾曼
第大區所生產

A.O.C年
無認證

原料乳
牛乳（殺菌乳）

熟成時間
4週

固體中乳脂肪含量
最低45％

咨詢 ORDER-CHEESE

　　庫洛米耶爾起司屬於布利起司三兄弟之
一，由於未經A.O.C認證，所以沒有固定一套
製作方法，因此隨著製作者不同，可品嚐到變
化多端的風味。目前日本流通的庫洛米耶爾起
司大多為工廠製造，風味近似卡門貝爾起司。

　　但是若為農家遵照傳統製法，使用無殺菌
乳製成，則會擁有飽滿的濃醇度，以及類似堅
果般的風味。有機會的話，務定要到當地品嚐
傳統的庫洛米耶爾起司。

充滿柑曼怡香氣的
豪華甜點

柑曼怡布利起司

Brie au Grand Marnier

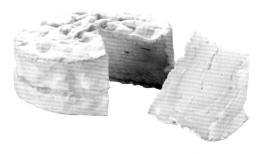

柑曼怡布利起司富含果香
味，外觀時尚，搭配氣泡
酒或香檳享用時，除了可
以突顯風味，也能炒熱派
對氣氛。

外觀 布滿白黴菌的表皮
上，有橙皮作重點裝
飾，並帶有一層馬斯
卡彭起司。

風味 苦味、酸味、甜味交
織，充滿果香圓潤風
味。

香氣 具有柑曼怡（香橙干
邑甜酒）清爽的柑橘
香氣。

季節 一年四季。等到白黴
菌完全覆蓋住表皮
時，就是最佳賞味時
機。

DATA

種類
柔軟（白黴）

產地
法蘭西島大區

A.O.C年
無認證

原料乳
牛乳

熟成時間
—

固體中乳脂肪含量
—

咨詢 Fromage

　　柑曼怡布利起司是將馬斯卡彭起司
（Mascarpone）的乳脂夾入新鮮的布利起司
（Brie）當中，再撒上白黴菌靜待熟成的起
司。馬斯卡彭起司還會以科涅克的香橙干邑甜
酒「柑曼怡」來增添風味。

　　雖然風味綿密，但是柑橘風味會不著痕跡
地融入整塊起司當中，呈現果香圓潤的感覺。
搭配氣泡酒一起品嚐的話，更能將果香襯托出
來。也能當成一道甜點直接享用。

搶眼的雪白色
如甜點般的起司

布里亞薩瓦漢起司
Brillat Savarin

擁有布利起司般後味無窮的
雙倍乳脂起司

布爾索爾起司
Boursault

加上水果點綴，或是淋上水果淋醬都很美味。吃起來就像生起司蛋糕般的口感，也很適合配上一杯咖啡或紅茶一起享用。葡萄酒則以酒體輕盈、富果香味的類型為宜。

脂肪含量70%的雙倍乳脂起司，具有類似奶油般的濃厚口感，可讓人奢侈地塗抹在法式長棍麵包上。搭配水果一起作為甜點享用，也十分美味。

外觀 質地柔順，呈現白色。但是另一種屬於白黴類型的布里亞薩瓦漢起司，則會呈偏黃色。

風味 風味綿密，具有濃淡合宜的清爽酸味。而阿菲娜起司則是濃稠醇厚。

香氣 幾乎無香氣。但阿菲娜起司則具有類似菇類般的白黴菌香氣。

季節 一年四季。趁新鮮品嚐，避免出現苦味。

DATA	
種類	新鮮
產地	法蘭西島大區 ＊照片中的起司為勃艮第大區所生產
A.O.C年	無認證
原料乳	牛乳
熟成時間	—
固體中乳脂肪含量	73%

諮詢 Fromage

外觀 表皮上有薄薄一層如同胎毛般的白黴菌，呈現奶油色澤，質地濕潤。

風味 帶有微微酸味，口感圓潤。可品嚐到類似布利起司的風味。

香氣 香氣如同發酵奶油般清爽，還會散發出微微的果香。

季節 一年四季都可以品嚐到。

DATA	
種類	柔軟（白黴）
產地	法蘭西島大區 ＊照片中的起司為羅亞爾河大區所生產
A.O.C年	無認證
原料乳	牛乳
熟成時間	—
固體中乳脂肪含量	70%

諮詢 CHESCO

　　1930年由巴黎一位名叫享利·安德魯耶（Henri Androuët）的起司商人，參考諾曼第大區的起司研發出來的一款起司，後來便以法國著名的美食家布里亞·薩瓦漢為起司命名。

　　外觀雪白，與鮮奶油如出一轍，微甜口感宛如生起司蛋糕一般。採用高脂肪含量牛乳製作而成，因此風味濃醇，但其中散發出爽口酸味，後味清雅。經熟成後就會變成阿菲娜起司。

　　1950年代由起司專家享利·布爾索爾（Henri Boursault）製作而成的起司，而且難得一見地以製造設計者的名字予以命名。當時為了融合布利起司的高雅後味，以及活用當地原料乳的風味，才研發出這款非熟成起司。

　　外有薄薄一層柔軟表皮覆蓋，內部為雙倍乳脂，像奶油一樣入口即化。高雅後味讓人產生吃下布利起司的錯覺，口中鮮明殘留的風味令人念念不忘。

正中央插有一根麥稈，為最具代表性的山羊起司

聖莫爾德圖蘭起司

Sainte-Maure de Touraine

首先得拔掉正中央的麥稈後分切，才能一口氣享用，但是熟成時間愈久，麥稈愈難拔出，此時便只能直接分切。傳統的吃法，是吃到最後要將較粗的一端留下1公分左右的長度。

外觀	呈現一端較細的棒狀，且表皮撒滿木炭粉，正中央插有一根麥稈。
風味	熟成之前會散發出新鮮的酸味，熟成愈久愈發綿密，還會散發出宛如堅果般的醇厚風味。
香氣	熟成時間較短時，會發出類似優酪般的乳酸發酵香氣。熟成時間愈久，山羊乳的香氣就會愈強烈。
季節	一年四季。農家則會在春天至晚秋才會製造起司。

DATA	
種類	柔軟（山羊）
產地	中央羅亞爾河谷大區
A.O.C年	1990年
原料乳	山羊乳（無殺菌乳）
熟成時間	最少10天
固體中乳脂肪含量	最低45%

洽詢 NIPPON MYCELLA

　　這款起司的特徵，就是正中央插有一根麥稈。A.O.C認證的聖莫爾起司，後頭一定會印上「德圖蘭（Touraine）」這幾個字。其實麥稈原本是為了預防質地柔軟的起司在搬運時變型，所以才會插在正中央固定，但在1990年獲A.O.C認證後，便統一規定在包裝時必須將麥稈插在正中央，並在這根麥稈上註明生產者編號。

　　若想品嚐聖莫爾起司，可走訪產地尋找特定生產者。每年6月第1週的週末都會舉行慶典，也有聖莫爾起司生產者群聚的市集，說不定在這裡就能遇到自己喜好的此款起司的生產者。

　　木炭粉會自然引來黴菌繁殖，當表皮由黑轉成偏灰色後，就是最佳賞味時機，為期長達3週左右。偏好強烈風味的人，可嘗試5～6週的聖莫爾德圖蘭起司。

随著熟成時間愈發強烈
充分品嚐山羊起司的獨特風味

聖莫爾起司
Sainte-Maure

與堅果以及葡萄乾最為對
味。熟成時間稍久的聖莫
爾起司，切成薄片稍微火
烤一下就很美味。也很適
合夾入三明治中享用。

外觀 表皮覆蓋著白黴菌，
而且在白黴菌作用
下，會從外側開始轉
成奶油色。

風味 沒有特殊氣味，容易
入口。熟成時間較短
的起司會帶有清爽的
酸味。

香氣 隨著熟成時間愈久，
山羊乳特有的香氣就
會愈發強烈。

季節 一年四季。進口後50
天內為最佳賞味時
機。

DATA
種類
柔軟（山羊）
產地
普瓦圖－夏朗德大區
A.O.C年
無認證
原料乳
山羊乳
熟成時間
—
固體中乳脂肪含量
45%

洽詢　CHESCO

　獲A.O.C認證的聖莫爾德圖蘭起司（
p.44），在木炭粉覆蓋下外觀看起來會黑黑
的，相對於此，本頁的聖莫爾起司則是覆蓋著
白黴菌的雪白起司。覆蓋白黴菌的聖莫爾起司
帶有些許酸味，風味清爽，與其他山羊起司相
較之下，山羊乳的香氣較為內斂。隨著熟成時
間愈久，香氣與濃醇度就會增強，所以想品嚐
山羊起司獨特風味的人，不妨靜待熟成。

新鮮的山羊起司
如白雪般純白

迷你樹幹起司
Mini-Buche

熟成後乳香濃醇的風味就
會提升，在每個熟成階
段，都可以享受到不同的
料理變化。也可以切成薄
片淋上果醬，當作一道甜
點來品嚐。

外觀 質地非常水嫩，純白
的組織均勻細緻。

風味 在新鮮的酸味當中，
還帶有微微的甜味，
風味綿密。

香氣 帶有不明顯的山羊起
司特殊香氣。

季節 一年四季。清爽水嫩
的風味，最適合夏天
享用。

DATA
種類
柔軟（山羊）
產地
普瓦圖－夏朗德大區
A.O.C年
無認證
原料乳
山羊乳
熟成時間
—
固體中乳脂肪含量
45%

洽詢　TOKYO DAIRY

　以「迷你樹幹起司（Mini-Buche，意
指小樹枝）」一名打響名號的山羊起司，在
新鮮狀態下被包裝成比聖莫爾起司體積更小
的棒狀。足以代表迷你樹幹起司的「Merci
Chef！」品牌，是由工廠設在普瓦捷的Eurial
Group公司所生產的乳製品，該公司也有生產
奶油及牛乳起司等產品。Eurial Group公司於
2012年成立新品牌之前，早在1895年便開始
販售長壽品牌「索瓦紐（Sowanyon）」山羊
起司。

惹惱拿破崙的金字塔型起司

瓦朗賽起司

Valencay

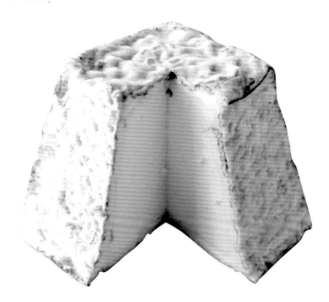

開始進行熟成前，會帶有沉穩的酸味，風味清爽，很適合在上甜點前用來清口，但是熟成後的瓦朗賽起司，組織則會變得黏稠，再加上也能品嚐到甜味，所以很適合與葡萄乾麵包或沙拉一起享用。

外觀 外型就像切掉金字塔頂端的形狀，表面覆蓋著木炭粉與自然形成的黴菌。

風味 特徵就是具有清淡爽口的酸味。質地柔軟濕潤，感覺相當高雅。

香氣 帶有微微的山羊乳香氣，但在木炭隔絕下感覺較為內斂。熟成時間愈久，香氣就會變得強烈一些。

季節 一年四季。尤其是春天到秋天生產的起司最為美味。

DATA	
種類	柔軟（山羊）
產地	中央羅亞爾河谷大區
A.O.C年	1998年
原料乳	山羊乳（無殺菌乳）
熟成時間	最少7天
固體中乳脂肪含量	最低45%

洽詢　Fromage

瓦朗賽起司這個名稱，源自拿破崙時代外交大臣塔列蘭所有的瓦朗賽城。據說外型原本為完整的金字塔，但是到了現代則變成金字塔頂端被削平的形狀。

諸傳會演變成這種形狀，是因為拿破崙遠征埃及失敗後，在造訪瓦朗賽城之際，一看到瓦朗賽起司便聯想到埃及金字塔，大為光火下才將金字塔頂端給削掉。

瓦朗賽起司的表面撒滿黑色木炭粉，原先是為了防蟲，但也能促進黴菌繁殖，幫助起司脫水與熟成。雖然表面黑黑的，但內部卻是一片純白，兩者間的落差形成有趣的畫面。

隨著熟成時間愈久，白黴菌覆蓋住表面後，就會從黑色轉為灰色。雖然內部仍為白色，但卻會逐漸轉為黏稠，而且酸酸的風味也會變淡，散發出微微的甜味與榛果般的風味。

風味均衡的山羊起司

謝河畔瑟萊起司

Selles-sur-Cher

風味十分協調，無論與堅果還是水果一起食用，都相當對味。葡萄酒方面則適合以辛味的白酒，或是果香味的紅酒作搭配。

外觀 表皮撒滿木炭粉，呈現藍灰色。內部為白色，質地濕潤。

風味 山羊起司特有的醇厚風味與酸味，再加上些微的甜味及鹹味，彼此均衡調和著。

香氣 充滿山羊起司特有的香氣，一吃進口中就會散發開來。

季節 一年四季。尤其是春天至秋天所生產的起司格外美味。

DATA	
種類	柔軟（山羊）
產地	中央—羅亞爾河谷大區
A.O.C年	1975年
原料乳	山羊乳（無殺菌乳）
熟成時間	最少10天
固體中乳脂肪含量	最低45%

諮詢 Fromage

位在流經巴黎西南方的羅亞爾河，以及羅亞爾河支流謝爾河之間的城鎮，就是謝河畔瑟萊起司的誕生地。十九世紀文獻中便曾介紹謝河畔瑟萊起司為「古老的起司」，歷史相當悠久。

為了抑制山羊起司特有的酸味，表面撒滿了白楊樹的木炭粉，等到表面乾燥，呈現藍灰色黴菌聚集的狀態後，就是最佳賞味時機。連皮一起享用，才能體會謝河畔瑟萊起司的美妙之處。

品嚐每個熟成階段的不同風味

克勞汀‧德‧查維格諾爾起司

Crottin de Chavignol

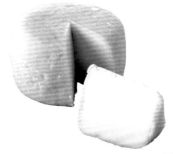

可以加熱後料理成沙拉，十分美味。葡萄酒適合搭配桑塞爾的白酒，但經熟成後則適合用來搭配桑塞爾的紅酒。

外觀 表皮彷彿有層薄薄的粉狀物。熟成時間愈久，在黴菌覆蓋下就會轉為灰色。

風味 熟成時間短時風味清淡，熟成後會出現濃厚奶香的溫暖甜味。

香氣 帶有山羊起司特有的發酵臭味。

季節 一年四季。尤其是春夏的產品最為美味。

DATA	
種類	柔軟（山羊）
產地	中央—羅亞爾河谷大區以外的地區
A.O.C年	1976年
原料乳	山羊乳
熟成時間	最少10天
固體中乳脂肪含量	最低45%

諮詢 Fromage

「Crottin（馬糞）」這個名稱由來，是因為熟成後被黴菌覆蓋的模樣很像馬糞的關係。

巴黎咖啡廳的常見經典菜色「克勞汀沙拉」，就是將剛熟成不久的克勞汀‧德‧查維格諾爾起司擺在法式長棍麵包上，再入烤箱烘烤而成的一道料理，在日本也深受年輕族群歡迎。不過當這款起司熟成時間久一點時，會出現濃厚的牛乳風味與香氣，再加上類似栗子般的鬆軟口感，品嚐起來更加美味。

栗子葉更增添了普瓦圖當地特色

栗子葉起司

Mothais sur Feuille

擺在栗子葉上熟成的栗子葉起司，在製作方法上還有一個特徵，那就是在凝固原料乳時，會花費2天時間使原料乳充分凝固，因此可蘊釀出沉穩的酸味與綿密風味。

外觀	底下鋪著大大的栗子葉，將整塊起司包裹起來。表皮與內部都相當柔軟。
風味	具有沉穩的酸味，而且熟成一段時間後，風味會不斷增強。
香氣	熟成時會吸收包裹起司的栗子葉香氣，也會散發出些許榛果香氣。
季節	從夏天至初秋。

DATA	
種類	柔軟（山羊）
產地	普瓦圖－夏朗德大區
A.O.C年	無認證
原料乳	山羊乳
熟成時間	－
固體中乳脂肪含量	45%

洽詢　ALPAGE

　　此款起司最特別之處，便在於用栗子葉包裹起來的外觀，但是這種製法過去在兩次大戰後卻曾經失傳，一度停止生產。所幸熱愛故鄉起司的保羅‧喬治烈耗費五年時間研究配方，才讓這款起司得以再度被生產。

　　相較於其他起司，一般來說山羊起司須放置在濕度更低，通風良好的地方靜待熟成。但是普瓦圖地區周邊多沼澤地，濕度較高，受到當地風土特色的影響下，製作時才會演變成使用栗子枯葉來幫助起司熟成。

　　將枯掉的栗子葉鋪在起司底下，葉子可吸收多餘水分，而且還能發揮適當保濕作用。熟成3〜4週的栗子葉起司尚屬熟成時間較短的起司，表皮還很柔軟，且有黏膩感，隨時熟成時間愈久，繁殖出藍黴菌後，風味就會增加。

由阿拉伯傳入的山羊起司

沙比舒起司

Chabichou du Poitou

Chabichou是由阿拉伯語「Chabi」演變而來，意指「山羊」。八世紀來自阿拉伯進行侵略行為的撒拉森人，戰後留在這片土地上，開始飼養起山羊，據說日後所製作出來的就是沙比舒起司的起源。

 外觀 軟木塞外型。表皮薄，帶有明顯紋路。熟成時間愈久，黴菌就會開始繁殖。內部質地細緻，呈現白色。

 風味 具有適度的酸味與甜味。與其他山羊起司相較之下辛味稍重，風味濃醇。

 香氣 表皮變硬且轉變成灰色後，山羊乳的香氣就愈發濃烈。

 季節 一年四季。農家會在春天至秋天生產起司，而且春夏的起司最為美味。

DATA	
種類	柔軟（山羊）
產地	普瓦圖－夏朗德大區
A.O.C年	1990年
原料乳	山羊乳
熟成時間	最少10天
固體中乳脂肪含量	45%

洽詢 ALPAGE

　　被暱稱為「Chabi」，受人喜愛的沙比舒起司，是誕生於普瓦圖地區的起司。爆發於八世紀初的圖爾戰役，由西班牙南方前來侵略的撒拉森人（伊斯蘭教徒）在普瓦捷被討伐吃了敗仗，於是當時遺留在這塊土地上的撒拉森人，便開始將山羊飼育法，以及利用山羊乳製作起司的方法推廣開來。

　　再加上此處多石灰岩平原與沼澤，缺乏饒沃土地，於是容易在貧瘠土地上經營的山羊飼育業便落地生根，使用山羊乳製作起司也開始盛行開

來。目前在普瓦圖地區，已成為法國第一的山羊飼育地帶。

　　據說過去沙比舒起司的外形十分多樣化，但自1990年取得A.O.C之後，將外型統一為上方較窄的圓筒狀，稱作Bondon（軟木塞）。

法國各區生產地圖
La France/Nord et Nord-est
AREA MAP

法國　北部、東北部
各地最具代表性的起司

米莫雷特起司
（Mimolette ➡ p.57）

大小幾乎與荷蘭的埃德姆起司（Edam）一模一樣。語源來自法語，有一半柔軟的意思。

北部—加來海峽
Nord-Pas-de-Calais

● **Lille** 里爾

Pas de Calais
加來海峽

Picardie
皮卡第

摩澤爾
La Moselle

● **Reims**
蘭斯

萊茵
Le Rhin

洛林
Lorraine

塞納河
La Seine

Champagne -Ardenne
香檳—阿登

Alsace /Elsàss
阿爾薩斯

瑪瑞里斯起司
（Maroilles ➡ p.52）

早在1000年前就已經被製作出來，經常與比利時風味濃醇強勁的啤酒搭配享用。

鄰接比利時與德國的異文化圈
當地起司與發泡酒堪稱絕配

位在法國最北部，鄰接比利時的法蘭德斯地區，這裡所生產的米莫雷特起司（Mimolette），據說也可稱作布爾諾德（北方之球）、布爾德里爾（里爾之球）。而在法國北部—加來大區的北方，則生產香氣強烈且口感十足的洗皮起司，十分適合用來搭配比利時啤酒。

東部為歷史上德法兩國爭奪不休

的阿爾薩斯大區，受德國影響下，城鎮建築風格獨特，飲食文化別樹一格，此處所生產的起司也與德國啤酒十分對味。

位處兩地之間的洛林大區與香檳—阿登大區，其周邊布滿許多平緩丘陵地，受惠於溫暖氣候，自古農業、酪農業便十分興盛。

北部—加來大區 Nord Pas de Calais
（❺❾北部省、❻❷加萊海峽省）

與比利時相鄰的法蘭德斯地區與內陸的亞爾多瓦地區，以啤酒遠近馳名。生產許多適合搭配啤酒的起司，也有利用啤酒洗浸後製成的洗皮起司。

皮卡第大區 Picardie
（❶❷埃納省、❻❶瓦茲省、❽❶索姆省）

與北部—加來大區同樣受到比利時的影響，生產口感絕佳的洗皮起司，香氣較為強烈，可用來搭配當地比利時風味明顯的愛爾啤酒（Ale，上層發酵的啤酒）。

香檳—阿登大區
Champagne Ardenne
（❶❽阿登省、❶❶奧布省、❺❶馬恩省、❺❷上馬恩省）

土地肥沃，以香檳產地聞名全世界。生產朗格瑞斯起司（Langres）、查爾斯起司（Chaource）等質地如絲稠般入口即化的起司，與發泡酒類的香檳十分對味。

洛林大區 Lorraine
（❺❹默爾特－摩澤爾省、❺❺默茲省、❺❼摩澤爾省、❽❽孚日省）

與阿爾薩斯、康堤、香檳相鄰，近德國邊境的區域。這裡沒有獨具特色的起司，工廠製造的起司多以白黴起司為主。

阿爾薩斯大區 Alsace/Elsas
（❻❼上萊茵省、❻❽下萊茵省）

鄰接德國，為法國面積最小的大區，但形成獨特的阿爾薩斯文化，起司也受到德國的影響。這裡所生產的芒斯特起司（Munster），與皮爾森啤酒相當對味。

＊❺❾北部省等編號為法國省縣編號。地區、省縣的行政劃分以2015年8月為準。

適合搭配啤酒的紅磚色洗皮起司

瑪瑞里斯起司

Maroilles

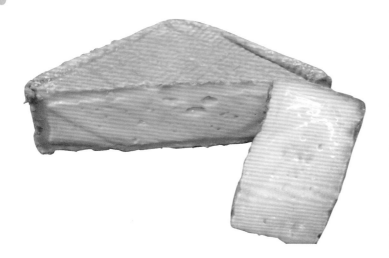

外觀	正方型，共有4種尺寸。表皮為紅褐色，質地濕潤。內部有小氣孔。
風味	柔軟、圓潤風味為其特色。帶有濃醇度與鹹味，散發出乳香甜蜜後味。
香氣	具有洗皮起司獨特的強勁香氣，且熟成時間愈久香氣愈濃。
季節	夏天至冬天的季節。

DATA	
種類	柔軟（洗皮）
產地	皮卡第大區
A.O.C年	1955年
原料乳	牛乳
熟成時間	最少5週
固體中乳脂肪含量	最低45%

洽詢　NIPPON MYCELLA

將瑪瑞里斯起司擺在派皮麵團上，再倒入蛋液烘烤而成的瑪瑞里斯起司塔，可淡化獨特香氣，呈現出圓潤風味，比起單吃更容易入口，頗受歡迎。

　　古時候被稱作「克拉克紐起司」的瑪瑞里斯起司，早在一千年前就在法國東北部的瑪瑞里斯鎮被製造出來，但是直到西元962年左右，才由瑪瑞里斯修道院的修道士制定出完整製法。

　　熟成一段時間的瑪瑞里斯起司，表皮會呈現紅磚般的紅褐色，由於瑪瑞里斯鎮上也多為紅磚建築，因此此款起司剛好適合用來為城鎮代言。不過瑪瑞里斯起司的獨特紅色表皮，得在菲爾曼爾吉這種細菌作用下才得以形成。

　　過去會反覆洗浸表皮，保存於當地特殊的地下室熟成庫（cave），促進細菌繁殖。但現在天然熟成庫愈來愈少見，所以一般都會事先添加於牛乳中。

　　瑪瑞里斯鎮位在距離比利時邊境約30公里處，當地人喜好搭配比利時濃厚強勁的啤酒一起享用。

修道士
所創造的起司
芒斯特起司
Munster

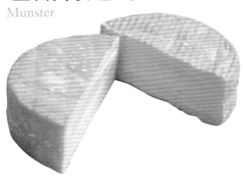

日本流通的類型，主要為120～200公克左右的迷你芒斯特起司。當地則以農家生產約450公克的大型起司為主流。與產自阿爾薩斯、香氣極佳的白酒十分對味。

外觀 表皮為橘色，質地濕潤。內部呈現黏稠狀。

風味 香氣濃烈，特殊氣味反而不太明顯，容易入口。具有牛乳的濃醇風味與甜味。

香氣 熟成期間會經過數次洗浸，因此香氣相當強烈。

季節 一年四季。夏天農家在孚日山區所生產的起司，夏天至秋天為最佳賞味時機。

DATA

種類	柔軟（洗皮）
產地	阿爾薩斯大區
A.O.C年	1969年
原料乳	牛乳
熟成時間	最少14天（小型）
固體中乳脂肪含量	最低45%

洽詢　CHEESE HONEY

　　這種起司歷史悠久，最早始於七世紀，由愛爾蘭遠道而來的修道士們在孚日山區製作而成。當地習慣與蒔蘿一起食用。

　　在孚日山區間隔下，這種起司在東西側擁有不同名稱，但皆以城鎮名稱命名，位於東側的阿爾薩斯大區稱之為芒斯特起司，位於西側的洛林大區稱之為芒斯特傑洛梅起司（Munster-Géromeé）。

產自要塞城鎮
細緻的洗皮起司
朗格瑞斯起司
Langres

據說起司在熟成之際忘記上下翻面，因此會出現凹洞，稱之為「泉」。這種起司獨樹一格的原因，在於它的極佳風味。

外觀 表皮為黃色～紅褐色，正中央因起司重量被壓成凹洞。內部質地細緻。

風味 風味濃醇，口感極佳，有入口即化的感覺。酸味與鹹味不太明顯。

香氣 香氣獨樹一格。熟成時間愈久，香氣會愈發強烈。

季節 一年四季。當令時節在春末至秋天。

DATA

種類	柔軟（洗皮）
產地	香檳－阿登大區
A.O.C年	1991年
原料乳	牛乳
熟成時間	15天（小型）
固體中乳脂肪含量	最低50%

洽詢　ALPAGE

　　產自朗格勒高原的起司，最大特色就是擁有被稱作泉的凹洞，當地會將香檳注入此凹洞追熟，品嚐更有個性的風味。

　　朗格勒這個城鎮在羅馬時代為一座要塞，現在仍被二世紀的城門圍牆環繞，在地區性影響下，十八世紀起朗格勒才為人所知。1991年獲得A.O.C認證前，朗格瑞斯起司幾乎只有當地人購買食用。

法文意指貓與熊，是款入口即化的白黴起司

查爾斯起司

Chaource

適合搭配原產地生產的香檳等氣泡酒，以及同為勃艮第生產的葡萄酒一起享用。與夏布利酒等冰涼的辛味白酒最為對味。

 外觀 表皮覆蓋著絲絨狀的白黴菌。內部為淡黃色的鬆散組織。

 風味 風味濃醇，鹹味及酸味較為強烈。具有類似榛果或菇類般的風味。

 香氣 帶有微微的乳香味。熟成時間較短時，可品嘗到類似菇類般的香氣。

 季節 一年四季。夏天至秋天生產的起司最為美味。

DATA	
種類	柔軟（白黴）
產地	香檳－阿登大區
A.O.C年	1970年
原料乳	牛乳
熟成時間	最少15天
固體中乳脂肪含量	最低50%

洽詢 ORDER-CHEESE

　　日本人偏好類似卡門貝爾起司（Camembert ➡ p.31）與布利起司（Brie ➡ p.41）這類沒有特殊氣味的白黴起司，所以若用先入為主的觀念來品嘗查爾斯起司，恐怕會為之驚倒，因為此款起司熟成時間愈久，凌駕洗皮起司的深奧風味就會愈發明顯，適合中級起司行家品嘗的。

　　具有綿密風味與鬆散多層次的口感，再加上似有若無的堅果外殼風味。偏好起司熟成時間較短的人，熟成15天後（有些特殊起司熟成時間最少只需要10天）即可著手享用。

　　查爾斯起司是在十二世紀由勃艮第的修道士製造出來，現在勃艮第地區的約訥省，以及其相鄰的香檳地區奧布省某些村落，也都有生產。順便為大家介紹一下查爾斯起司的名稱，源自於香檳地區的查爾斯小鎮。法文的「cha」意指貓，「ource」則是熊的意思，因此城鎮徽章與起司包裝上都會出現貓與熊的圖案。產自查爾斯鎮南方勃艮第大區夏布利以及北方香檳大區的葡萄酒，都與查爾斯起司十分對味。

由喜怒無常的老天爺
創造而出的起司？

卡佩斯起司

Caprice des Dieux

沒有特殊氣味
人人稱快的美味

頂級起司

Suprême

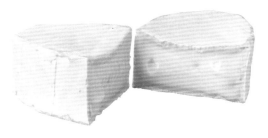

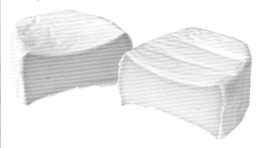

搭配任一品牌的紅酒或玫瑰紅酒皆宜，但是酒體輕盈的葡萄酒更能襯托出起司風味。若要搭配白酒，則建議選擇富含果香味的白酒。

少了複雜鮮醇味與香氣，但多了綿密溫潤風味，再加上沒有特殊氣味，所以十分容易入口。屬於品質穩定的起司，完全沒有中心較硬的部分，可品嚐到一致不變的風味與口感。

 外觀 表皮覆蓋著絨毛般的白黴菌。橢圓型外包裝散發出時尚感。

 風味 風味綿密沉穩，沒有突出的特殊氣味，也幾乎無酸味與鹹味。

香氣 沒有獨特香氣。熟成時間愈久，愈會散發出菇類般的香氣。

季節 工廠製造的起司一年四季都可以品嚐到。當正中央殘留些許硬度時，就是最佳賞味時機。

DATA	
種類	柔軟（白黴）
產地	香檳－阿登大區
A.O.C年	無認證
原料乳	牛乳
熟成時間	約2週
固體中乳脂肪含量	60%以上

洽詢　CHESCO

 外觀 橢圓型。覆蓋著純白色的黴菌。內部為具彈性的奶油色組織。

 風味 可品嚐到濃厚的牛乳風味，綿密且柔順。

 香氣 含在口中會微微散發奶油般的牛乳香氣。

季節 隨時都可以品嚐到美味起司。賞味期限約在50天以內。

DATA	
種類	柔軟（白黴）
產地	洛林大區
A.O.C年	無認證
原料乳	牛乳
熟成時間	－
固體中乳脂肪含量	60%

洽詢　FROMAGE

　　卡佩斯起司於1956年聞名於世，可蔚為工廠製造起司之先驅，名稱具有「喜怒無常的老天爺」之意，或許正是因為這個原因，外包裝上才會印有可愛天使圖案。許多人都是看在可愛的外包裝，以及橢圓形的罕見造型，才會忍不住出手購買。

　　這種雙倍乳脂起司，最大特色就是沒有特殊氣味，綿密風味宛如奶油般濃厚，使起司入門者也很容易入口。

　　「Suprême」在法文中有「極佳」的意思。此款起司為牛乳加上鮮奶油製作而成的雙倍乳脂起司，因此可以品嚐到濃厚的牛乳風味。沒有特殊氣味，鹹味也不明顯，口味非常宜人。

　　可與水果一起當作前菜，或是與鮮奶油拌勻當成淋醬享用。葡萄酒方面可用來搭配果香味的紅酒，也很適合與較濃的紅茶或咖啡一同品嚐。

任何餐點皆宜
百搭型的白黴起司
查摩斯起司
Chamois d'Or

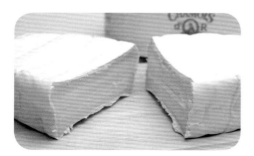

雖然白黴起司的風味大多較為濃厚，但查摩斯起司卻相當清爽且容易入口，男女老幼、各式場合皆宜。圓盤型大小（2.45公斤）可分切購買。

 外觀 除了橢圓造型之外，還有更大的圓盤造型。覆蓋著絨毛般的白黴菌。

 風味 可品嚐到圓潤不膩口的高雅風味，口感也十分柔順。

 香氣 沒有特殊氣味。含在口中會微微散發出發酵後的乳香味。

季節 一年四季都可以品嚐到美味起司。賞味期限約65天以內。

DATA
種類	柔軟（白黴）
產地	香檳－阿登大區
A.O.C年	無認證
原料乳	牛乳
熟成時間	－
固體中乳脂肪含量	52%

洽詢　NIPPON MYCELLA

　　由Bongrain公司生產的阿登省白黴起司，外部有白黴菌覆蓋，內部呈現淡黃色，內斂的高雅風味贏得「黃金布利起司」封號，廣受歡迎。

　　由於沒有特殊氣味，搭配任何餐點皆很美味，三餐皆宜。風味圓潤，適合搭配酒體輕盈的紅酒。

深受眾多日本人喜愛
耐長時間保存的卡門貝爾起司
爵亨卡門貝爾起司
Gerard Camembert

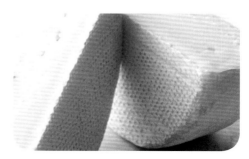

經加熱抑制白黴菌活性，存放於密封包裝中的起司，其口感或香氣皆與原始需熟成後品嚐的卡門貝爾起司稍微不同，且耐長時間保存為其一大特色。

 外觀 表皮薄，覆蓋著白黴菌。內部熟成至適當程度後就會變軟。

 風味 每個熟成階段都可品嚐到美味的起司，風味綿密溫和。

 香氣 幾乎沒有香氣。經加熱處理後，可感受到不明顯的獨特香氣。

季節 一年四季。

DATA
種類	柔軟（白黴）
產地	香檳－阿登大區
A.O.C年	無認證
原料乳	牛乳
熟成時間	
固體中乳脂肪含量	50%

洽詢　CHESCO

　　卡門貝爾起司（Camembert）於超市或便利超商皆可輕易購得，其中以爵亨（Gerard）公司的產品最為暢銷，這也是首次引進日本的耐長時間保存起司（掌握適當熟成程度，經由加熱處理抑制起司繼續熟成）。

　　要求綿密口感的人，可將造成苦味的表皮削掉薄薄一層再行享用。與果香味的白酒十分對味。

源自荷蘭的鮮橘色起司

米莫雷特起司

Mimolette

 外觀　熟成時間愈久，表皮上會出現無數孔洞，變成粉狀。內部為鮮橘色。

 風味　熟成時間較短時風味溫潤，熟成時間愈久愈發濃厚，有類似烏魚子般的風味。

 香氣　具有堅果香氣，而且熟成時間愈久香氣愈明顯。

 季節　一年四季。最佳賞味時機為熟成3個月後。

DATA	
種類	非加熱壓榨（半硬質、硬質）
產地	法蘭德斯地區等地 ＊照片中的起司為羅亞爾河大區所生產
A.O.C年	無認證
原料乳	牛乳
熟成時間	6週以上
固體中乳脂肪含量	40%

諮詢　世界起司商會

隨著不同的熟成時間而有不同的稱呼方式，例如「Jeune」（2～6個月）、「Demi-Vieille」（6～12個月）、「Vieille」（12～18個月）、「Extra-Vieille」（18～24個月）。

　　米莫雷特起司語源來自法文，有五成柔軟的意思，此款起司正如其名，熟成時間較短時稍具彈性且柔軟。由於十七世紀的法國嚴禁外國產品進口，因此才會自行仿效荷蘭的米莫雷特起司（Mimolette，當地稱作Commissiekaas）製作而成，目前產地仍集中在法國北部（法蘭德斯地區）。鮮橘色來自天然色素「胭脂樹紅」，過去據說是以紅蘿蔔加以染色。

　　表皮如同乾燥後的泥土，可幫助起司蟎（ciron）繁殖促進熟成效果。熟成時間較短時表皮光滑柔順，軟嫩且具綿密風味。熟成時間超過1年後，表皮會形成無數特色獨具的凹洞並開始變硬，增添沉穩醇厚的獨特韻味。

　　經過一段熟成時間後，醇厚度會與烏魚子十分相似，很適合用來搭配日本酒，除此之外，也與果香味的白酒、甜味的紅酒、啤酒相當對味。

法國各區生產地圖
La France/Est
AREA MAP

法國　東部
各地最具代表性的起司

香貝丹之友起司
（L'ami du Chambertin ➡ p.73）
於第二次世界大戰後被創造出來
的新型起司，屬於非常獨樹一
格、風味濃厚的洗皮起司。綿密
且微微散發出來的鹹味令人愛不
釋手。

盧瓦爾河
La Loire

第戎
Dijon

法蘭琪─康堤
Franche
-Comté

Massif du Jura

侏羅山

Bourgogne
勃艮第

萊蒙湖
Lac Léman

隆─阿爾卑斯
Rhône-Alpes

里昂
Lyon

阿爾卑斯山
Alpes

比考頓起司
（Picodon ➡ p.65）
位在隆河兩側地區所
生產的傳統起司，熟
成後會變硬，帶有辛
辣風味。現在更發展
成短暫熟成時間即可
品嘗。

康堤起司
（Comte ➡ p.60）
法國消費量最多的起司，
據說擁有超過一千年的歷
史。使用夏天山區放牧牛
隻所產原料乳所製成的產
品最為美味。

Le Rhône
隆河

產自葡萄園遍布的平坦農地與群山間
具有截然不同的風味

法蘭琪－康堤大區隔著侏羅山與瑞士邊境相鄰，隆－阿爾卑斯大區則沿著阿爾卑斯山脈與瑞士、義大利連接，這兩地所飼育的動物多食用高山植物，其優質原料乳造就了此地起司的盛產。汝拉省一帶的起司歷史悠久，自古便會生產長時間熟成硬質起司作為冬天的糧食。此外當地所生產的藍黴起司與其他地方的硬質起司雷同，皆帶有果實般的醇厚風味。

不過勃艮第大區受惠於溫暖氣候，且擁有適合耕作的平坦土地，因此農業盛行，有許多修道院聚集，到處廣植葡萄園，釀製號稱「耶穌之血」的紅酒。利用當地葡萄酒洗浸的洗皮起司相當獨樹一格，可蔚為襯托「美食之都」的名品。隆－阿爾卑斯大區則另有生產獨特的山羊起司與藍黴起司，熟成後風味飽滿。

勃艮第大區 Bourgogne

（㉑科多爾省、(58)涅夫勒省、(71)索恩－羅亞爾省、(89)約訥省）

勃艮第大區到處可見葡萄園。因芥末醬名聞遐邇的省會第戎，更是眾所皆知的美食之都。生產如奶油般濃厚，口感黏稠的洗皮起司，最具代表性的就是「伊泊斯起司（Epoisses）」。

法蘭琪－康堤 Franche-Comté

（㉕杜省、㊴汝拉省、(70)上索恩省、(90)貝爾福地區）

與瑞士邊境相鄰的高山地帶。由於嚴冬漫長，因此生產傳統的大圓餅型硬質起司，最具代表性的為「康堤起司（Comte）」，風味方面則受到瑞士以及義大利西北部起司的影響。

隆－阿爾卑斯大區 Rhône-Alpes

（01安省、⑦阿爾代什省、㉖德龍省、㊳伊澤爾省、㊷羅亞爾省、(69)羅訥省、(73)薩瓦省、(74)上薩瓦省）

此地區擁攬阿爾卑斯山脈，與瑞士、義大利相連接。源自橫跨瑞士日內瓦湖的隆河，從隆－阿爾卑斯大區約莫正中央穿越後注入地中海。除了波弗特起司（Beaufort）等帶有甜蜜風味的起司外，也生產比考頓起司（Picodon）這類口味辛辣的山羊起司。

＊㉑科多爾省等編號為法國省縣編號。地區、省縣的行政劃分以2015年8月為準。

法國人氣第一，可品嚐每個熟成階段千變萬化的風味

康堤起司

Comte

康堤地區歷史悠久的名品，為A.O.C認證起司中產量最高，法國人氣最旺的起司。長時間熟成後蘊釀出的果香風味，更是無與倫比。

外觀 熟成時間較短時表皮為黃色。熟戍時間愈久顏色就會變深，轉變成咖啡色。內部為飽和的奶油色。

風味 風味醇厚濃郁，但是絕對不會膩口。適度熟成後會增添甜蜜風味，變成很性感的風味。

香氣 具有濃厚的乳香味及果實香氣，長期熟成後的起司則會出現花香，可品嚐到各種香氣。

季節 一年四季都可以品嚐到。使用夏天生產的原料乳製成的起司，從冬天至春天的季節最為當令。風味的營造首重熟成時間。

DATA

種類	加熱壓榨（硬質）
產地	法蘭琪－康堤大區
A.O.C年	1958年
原料乳	牛乳
熟成時間	最少120天
固體中乳脂肪含量	最低45%

洽詢　世界起司商會

　　傳說歷史悠久超過一千年的康堤起司，是法國消費量最高的起司。原產地為鄰近瑞士邊境的法蘭琪－康堤大區，山地與平地交織，大自然富饒。這種狀似車輪的大型起司，每製作1個（平均40公斤）就需耗費約450公升的牛乳。

　　最大特徵就是隨著不同的熟成階段，其風味與香氣也會千變萬化。熟成時間愈久甜味愈明顯，入口後後味停留時間也會拉長。

　　熟成4個月後的產品會再經過檢查，可在20分滿分中取得12分的產品，會在側面貼上咖啡色膠帶列為「康堤起司（Comte）」；可取得14分的產品則會貼上綠色膠帶，列為一級品的「特級康堤起司（Comte Extra）」。兩種產品在出貨前都會再加以熟成，在日本購得的多為綠色標籤的「特級康堤起司（Comte Extra）」。這是可以充分品嚐到原始風味的起司，搭配葡萄酒時，建議選用酒體輕盈的紅酒或辛味白酒。

生活智慧衍生而出的
溫暖起司
莫爾比耶起司
Morbier

入口後會散發出淡淡甜味與溫暖風味。正中央有條看似辛香料形成的黑線，其實是由煙灰造成的，不過完全不會影響風味。建議趁著未完全熟成時趕緊品嚐。

 外觀 表皮會從淺棕色變成橘色。縱切面可見到黃色質地的中心部位有條黑線存在。

 風味 具有微微的甜味與溫暖的果香味。豐盈口感令人愛不釋口。

 香氣 一含在口中，飽滿且綿密的香氣就會直竄鼻腔。

季節 一年四季都可以品嚐到。尤其是夏天至冬天的產品最為美味。

DATA
種類
非加熱壓榨（半硬質）
產地
法蘭琪－康堤大區
A.O.C年
2000年
原料乳
牛乳
熟成時間
最少45天
固體中乳脂肪含量
45%

洽詢 世界起司商會

與康堤起司來自同一個產地，由康堤起司製造者使用剩餘的牛乳製作而成，原本屬於製造者自用的起司。當時因為鍋中僅剩的凝乳不足，所以撒上煙灰除蟲，等到隔天早上再加進其他用剩的凝乳，製作成一個完整的莫爾比耶起司。現在雖然已不再需要透過這種方式收集凝乳，但仍保留當時的習慣加入煙灰。

搭配葡萄酒時，以果香味的辛味白酒較為恰當。

外觀差強人意
但風味無與倫比
薩瓦多姆起司
Tomme de Savoie

布滿黴菌的灰色表皮，就像沾滿灰塵一樣。雖然外觀看起來不怎麼美味，但是在清爽風味底下，卻能品嚐到熟成後的醇厚度，且具有彈性，口感極佳。

 外觀 自然繁殖的黴菌使表皮呈現灰色。內部為淡黃色，散布氣孔。

 風味 具有清爽的乳香鮮醇味，濃郁度飽滿。

 香氣 香氣會令人聯想到堅果，每次咀嚼都會在口腔內瀰漫開來。

季節 一年四季。尤其是初夏至晚秋、初冬的產品最為美味。

DATA
種類
非加熱壓榨（半硬質）
產地
隆－阿爾卑斯大區
A.O.C年
無認證（I.G.P 1996年）
原料乳
牛乳
熟成時間
3～4個月以上
固體中乳脂肪含量
40%

洽詢 ORDER-CHEESE

於薩瓦省高山地帶所生產的起司。過去這個地區十分貧脊，農家會將製作奶油的鮮奶油萃取出來後，再利用所剩的脫脂乳製作成薩瓦多姆起司，因此脂肪含量較低。

獲I.G.P認證、保障，但I.G.P的標準不若A.O.C這般嚴格。雖具有複雜的鮮醇味，但屬於低脂肪含量起司，因此整體風味較為清爽。可搭配具果香的辛味白酒，或將起司融化後與麵包一起享用。

賞味時機難捉摸
行家偏好的起司
埃文達起司
Emmental

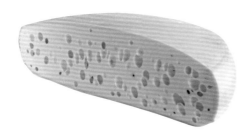

平易近人的果實風味與絕佳口感為其一大特徵，經長時間熟成後，甜味就會顯現出來。熟成後的埃文達起司又稱作「格蘭可呂起司（Grand Cru）」，風味與品質都是數一數二。

 外觀 表皮堅硬且乾燥。內部為淡黃色，還具有不規則大型氣孔。

 風味 口感硬度適中，且熟成期間酸味會轉變成甜味。

 香氣 具有不明顯的內斂牛乳發酵臭味，但不會令人排斥。

 季節 熟成時間比季節更為關鍵，經6個月熟成後的起司會格外美味。

DATA	
種類	加熱壓榨（硬質）
產地	法蘭琪－康堤大區
A.O.C年	無認證（I.G.P 1996年）
原料乳	牛乳（無殺菌乳）
熟成時間	4個月以上
固體中乳脂肪含量	45～49%

洽詢 日食

　　產自法國阿爾卑斯山脈，法蘭琪－康堤一帶的起司，其特徵在於具有大型氣孔，而且氣孔大小相當關鍵，太大會使起司可食部分減少，太小起司質地則會變成黏糊糊的口感，所以應選擇氣孔適中的產品。

　　直接食用的話，可與灰皮諾（葡萄的其中一種品種）等阿爾薩斯地區的白酒一起享用，也可搭配等量的康堤起司（Comte ➡ p.60）料理成起司火鍋。

鮮少釋出外地
的在地起司
格呂耶爾起司
Gruyère

屬於柔軟紮實的起司，口感豐富。可直接享用，既沉穩又綿密的風味，也很適合烹調成火鍋或馬鈴薯料理。

 外觀 圓筒型。黃褐色的外皮十分光滑，內部則呈現象牙白色至淡黃色。

 風味 甜味中帶有溫和的酸味，熟成後濃醇風味會更加飽滿。

 香氣 近似栗子或果實的香氣會刺激鼻腔，熟成後香氣也會變濃。

 季節 一年四季都可以品嚐到。6～9月製作的起司尤其美味，但熟成8個月後為最佳賞味時機。

DATA	
種類	加熱壓榨（硬質）
產地	法蘭琪－康堤大區
A.O.C年	無認證（I.G.P 2013年）
原料乳	牛乳（無殺菌乳）
熟成時間	5個月以上
固體中乳脂肪含量	45～48%

洽詢 日食

　　於阿爾卑斯薩伏依地區，依循傳統製法製作而成，一般為本地人日常消費的慣用起司，在其他地區十分罕見。沒有突出的獨特風格，屬於天天吃也吃不膩的親切口味。

　　格呂耶爾起司自古就是瑞士與法國的高山起司。2013年還在法國獲I.G.P認證，但是唯有瑞士生產的產品，才可打出格呂耶爾起司之名號。

起司界的王子，風味高雅醇厚且甜蜜奢華

波弗特起司

Beaufor

使用大量牛乳營造出高雅醇厚風味、蜂蜜般甜味、清爽香氣、柔順口感，是款非常奢華的起司。利用夏季榨取的牛乳製作而成的產品，又會呈現出另一番風味。

外觀｜外觀呈現黃褐色，硬邦邦的感覺。側面凹陷。內部為淡黃色的細緻組織。

風味｜口感濕潤，甜味如同蜂蜜般溫和，還具有果實般的醇厚風味。

香氣｜香氣高雅清爽，還帶有微微花香，夏天製作的產品更帶有強烈的香草香氣。

季節｜一年四季。利用夏天放牧於山區，香氣濃烈的牛乳所製作的產品，從秋天開始為最佳賞味時機。

DATA	
種類	加熱壓榨（硬質）
產地	隆－阿爾卑斯大區
A.O.C年	1968年
原料乳	牛乳（無殺菌乳）
熟成時間	最少5個月
固體中乳脂肪含量	最低48%

洽詢　ALPAGE

　　在鄰近瑞士邊境的山岳地帶，薩伏依所製成的起司。著述《美味禮讚》一書聞名於世的美食家布埋亞·薩瓦朗（Brillat-Savarin），便曾讚誦波弗特起司為起司界中的王子。

　　波弗特起司一名起源自薩伏依地區的波弗特村。薩伏依地區的牛隻不會過度榨乳，每頭牛每年限制榨乳量在五千公斤以內，使優質的原料乳維持穩定的品質。

　　波弗特起司熟成時間最少需要5個月，尤其是熟成超過9個月的起司，據說風味經濃縮後，會變得更為美味。

　　此外使用夏季放牧的牛隻所產之原料乳製成的波弗特起司，由於牛隻食用的牧草不同，所以顏色會比一般的產品呈現更深的奶油色，而且6月才於山間小屋製作的起司，須等到11月起才會運送至鎮裡，這種起司具有清爽的香草香氣以及乳香醇厚風味，可品嚐到有別以往的風味。

完整詮釋「芳醇」一詞的起司

阿邦當斯起司

Abondance

必須使用阿邦當斯、蒙貝莉亞多、塔利奴這三種牛隻的原料乳才能製作而成。熟成時間約需3個月，但是熟成時間再久一點的話，就能品嚐到果香風味與入口即化的口感。

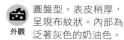 **外觀** 圓盤型。表皮稍厚，呈現布紋狀。內部為泛著灰色的奶油色。

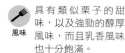 **風味** 具有類似栗子的甜味，以及強勁的醇厚風味，而且乳香風味也十分飽滿。

香氣 帶有香草香氣，且混雜著榛果般的香氣。

季節 從初秋至春天的季節可以品嚐得到。尤其是在冬天快要結束時最為美味。

DATA
種類 半加熱壓榨（硬質）
產地 隆－阿爾卑斯大區
A.O.C年 1990年
原料乳 牛乳（無殺菌乳）
熟成時間 最少90天
固體中乳脂肪含量 最低48%

洽詢 ALPAGE

於十四世紀，由一群遷居至鄰近瑞士邊境薩伏依地區的修道士製造出來的起司，而且這些修道士為了生產出品質更佳的起司，對於土地、牛隻品種、製法皆十分講究，精挑細選後才開始進行生產，因此據說還在阿邦當斯山谷開墾出廣大的牧草地。

可搭配類似薩瓦‧魯塞特（Roussette de Savoie）的當地白酒，或是微發泡性白酒一起享用。

誕生自農家生活智慧的濃厚風味

瑞布羅申起司

Reblochon de Savoie

使用第二次榨取，而非第一次榨取的牛乳。由於產地位在滑雪聖地，所以在滑雪客的口耳相傳下逐漸受到歡迎。

 外觀 半硬質的圓盤型起司。表皮呈現摻雜橘色的黃色。

 風味 具有溫暖的乳香味，以及沉穩典雅的濃醇風味。鹹味偏淡。

香氣 具有類似樅樹（Episea）般的高雅香氣。含在口中則會有堅果般的香氣瀰漫開來。

 季節 從初夏至初冬為當令時節。尤其是農家製作的起司，在9月夏天結束時最為美味。

DATA
種類 非加熱壓榨（洗皮）
產地 隆－阿爾卑斯大區
A.O.C年 1958年
原料乳 牛乳（無殺菌乳）
熟成時間 最少15天
固體中乳脂肪含量 最低45%

洽詢 FROMAGE

Reblochon有「再次榨取」的意思。十四世紀左右，法國的地主會租地給他人放牧牛隻，再以榨取的牛乳作為租金，因此每戶農家並不會將牛乳一次榨取殆盡，而會有所保留以便日後再行榨取，而利用剩餘牛乳製作而成的起司，就是瑞布羅申起司的起源。會利用鹽水稍微洗浸，然後放在樅樹（Episea）架上熟成。表面印有綠色casein標誌的起司代表為農家製造，紅色標誌則為工廠製造。

熟成時間愈久，愈能呈現出刺激辛辣的特殊風味

比考頓起司

Picodon

外觀
圓盤型。在所有小尺寸的山羊起司當中，尺寸仍算偏小。會有薄薄一層白色酵母。

風味
熟成時間較短的起司具有明顯甜味，熟成時間較久的起司則帶具辛辣風味。不同的熟成階段可品嚐到不同風味。

香氣
會飄散出微微的堅果香氣，但在熟成期間則會散發出銳利的香氣。

季節
春天至秋天可品嚐得到。尤其據説盛夏時節的產品最為美味。

耗時1～3個月熟成後的產品最美味。一開始會有刺激辛辣風味，緊接著山羊乳的甜味才會散發開來。不過最近僅熟成3～4個星期，風味溫和的產品有較受大眾青睞的傾向。

DATA	
種類	柔軟（山羊）
產地	隆－阿爾卑斯大區
A.O.C年	1983年
原料乳	山羊乳
熟成時間	最少12天
固體中乳脂肪含量	最低45%

洽詢　ALPAGE

　　產地位在隆－阿爾卑斯大區，隆河兩側德龍省與阿爾代什省的山羊起司。傳説過去兩地對於起司名稱見解分歧，現在則統一將這兩省所生產的起司稱作比考頓起司。比考頓起司這個名稱，是由奧克語（中世紀的普羅旺斯語）中的pico（辣味）與don（甜味）組合而成，而且正如其名，將完全熟成後的起司含在口中，會先出現刺激的辛辣味，然後再嚐到山羊乳的淡雅甜味。

　　在東側的德龍省戴內尼費，一般會將熟成後變硬的比考頓起司水洗，等到濕潤後再食用，這種食用方式稱作「比考頓得爾菲（Picodon Dieulefit）」。

　　比考頓起司在每個熟成階段都會出現明顯的風味變化，邊吃邊比較也相當有趣。熟成時間較短的起司，起初會出現柔順的甜味，不具有辛辣味，可搭配辛味的白酒，而熟成時間較久的比考頓起司，則適合厚實的紅酒。

山羊乳濃縮後的好滋味
利哥特孔得里約起司
Rigotte de Condrieu

體積小巧可愛的起司，彷彿張大嘴巴就能一口吃進肚裡。酸味偏淡，具有柔順的栗子香氣，靜待熟成後，就會出現黏稠感與辛辣味。

 外觀 直徑5公分左右的迷你圓盤型。外部覆蓋著白色酵母，有時也能看見四處散布的藍黴。

風味 山羊乳獨特的酸味並不明顯，甜味適中，熟成後的起司有些會出現辛辣味。

香氣 清爽的香草香氣中，可品嚐到微微的乳香甜蜜氣息。

季節 與其他山羊乳製成的起司一樣，從春天至秋天可以品嚐得到。

DATA
種類
柔軟（山羊）
產地
隆－阿爾卑斯大區
A.O.C年
2009年
原料乳
山羊乳（無殺菌乳）
熟成時間
最少8天
固體中乳脂肪含量
最低40%

洽詢 ALPAGE

　　2009年獲得A.O.C年認證的山羊起司。所謂的Rigotte，傳說是引用自方言，有「山中小河」的意思。Condrieu則是取自起司產地，法國隆河大區的孔德里厄地區，不過這個地區只是主要販售區域，事實上產地是位在里昂西南部的匹拉山。雖然很難取得，但會令人想與同樣產自孔德里厄的葡萄酒一起享用。

誠心推薦
搭配馬孔白酒一起品嚐
馬孔起司
Maconnais

如同零嘴般的尺寸，讓人隨時都能來上一口。風味綿密但酸味偏淡，一般習慣食用熟成時間較短的產品。熟成後的起司較硬，但風味飽滿，充滿魅力。

 **外觀** 頂部平坦的圓錐型。重量50～60公克，一口大小的尺寸。會由白色逐漸轉變成偏黃色。

 風味 熟成時間較短的起司具有綿密風味，熟成6週以上的起司則會出現醇厚風味。

 香氣 具有香草般的清爽香氣直竄鼻腔。

 季節 一年四季都可以品嚐。但春天至秋天所製造的起司尤其美味。

DATA
種類
柔軟（山羊）
產地
勃艮第大區
A.O.C年
2006年
原料乳
山羊乳（無殺菌乳）
熟成時間
最少10天
固體中乳脂肪含量
最低45%

洽詢 ALPAGE

　　名稱源自產地勃艮第大區馬孔，不過當地所生產的葡萄酒名聲遠勝於起司。

　　古時候葡萄農家會食用田地裡的雜草，並且飼養山羊利用排泄物施肥，再取山羊乳製作成起司，馬孔起司也不例外，這種起司採用山羊乳製作而成，歷史悠久。自從馬孔葡萄酒獲A.O.C認證後，也順勢帶動馬孔起司於2006年晉升為A.O.C的一員。

入口後餘味猶存久久不散

夏洛來起司

Charolais

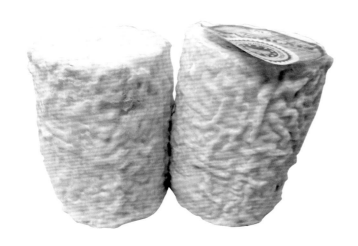

可充分品嚐到山羊乳美味
的起司，且入口後餘味猶
存久久不散。經數週熟成
後，會繁殖出大量黴菌，
等起司轉成灰色時就是最
佳賞味時機。

外觀 側面鼓起的圓筒型。表皮
覆蓋著白色酵母以及藍黴
菌。質地紮實，很有重量
感。

風味 風味勻稱。微微的甜味與
鹹味恰到好處。風味醇
厚，後味飽滿。

香氣 一含在口中，就會有高雅
的乳香味與果實香氣瀰漫
開來，香氣後味持久不
散。

季節 春天至秋天的季節可以品
嚐得到。完全熟成後的起
司風味也相當強勁。

DATA	
種類	柔軟（山羊）
產地	勃艮第大區
A.O.C年	2010年
原料乳	山羊乳（無殺菌乳）
熟成時間	最少16天
固體中乳脂肪含量	最低45%

洽詢 ALPAGE

　　夏洛來起司產地遍布在馬孔西側一帶，這裡
也出產眾所皆知的名牌夏洛來牛，但是對於貧窮
農民而言，還是由山羊乳製成的起司收益較佳。

　　相較於一般的山羊起司，夏洛來起司的緊實
組織，須透過更久的熟成時間才得以形成，再
細心地透過salage（在起司上加鹽，乾鹽法）工
法，不時翻面進行脫水與熟成。

　　起司經由這段製程後，風味會變得紮實厚
重。熟成時白色酵母與藍黴菌會自然形成覆蓋在
表皮上，也會衍生出榛果般的醇厚風味。

　　最特別之處在於它的後味，可毫無保留地釋
放出山羊乳的美味，使美妙風味得以取得平衡，
入口後餘味更會久久不散。

　　建議搭配風味醇厚的優質紅酒，以及鄰近產
地的馬孔白酒一起品嚐。

口感豐盈與風味獨具的
山羊起司

休伯羅坦起司
Chevrotin

具有纖細的醇厚度，且山羊乳的風味會奢華地在口中飄散開來，表皮則融合了堅果般的口感與些許澀味。熟成時間較短時可看見微小氣孔，熟成後質地會轉為滑順。

 外觀 圓盤型，內部為純白色。表皮上有薄薄一層粉桃色的粉狀黴菌。

 風味 質地滑順且具有彈性。具有奢華的山羊乳風味，且濃淡適中的醇厚風味引人入勝。

 香氣 在製作期間會沾染上椴樹（Episea）清雅的木質香氣。

 季節 春末至夏季這段季節最為美味。尤其夏天為當令時期。

DATA

種類	非加熱壓榨（山羊）
產地	隆－阿爾卑斯大區
A.O.C年	2002年
原料乳	山羊乳（無殺菌乳）
熟成時間	最少21天
固體中乳脂肪含量	45%

諮詢 ALPAGE

產自阿爾卑斯高原，薩伏依地區的起司。表皮經洗浸後，再置於椴樹（Episea）木板上熟成。包裝時也會在起司上下方鋪上椴樹（Episea）薄板，然後再用紙包裝起來，因此才會沾染上清爽的香氣。並於2002年晉升為A.O.C的一員。

很適合搭配當地生產的葡萄酒，也會讓人想用來搭配清爽且帶有花香的薩伏依白酒。

插著短木棒
方便品嚐的山羊起司

巴拉特起司
Baratte

用短木棒插在25～30公克的球形小起司上，為其外觀一大特色。無表皮，口感十分滑順。隨著熟成時間愈久，會呈現出適中的硬度與圓潤風味。

 外觀 呈現純白色，具有濕度，質地均勻。短木棒會插在宛如櫻桃般大小的起司上。

 風味 熟成時間較短時帶有酸味，風味清爽。熟成後甜味與醇厚度都會增加。

 香氣 因為體積小，所以山羊乳特有的氣味並不會過於明顯。

 季節 一年四季都可以品嚐到。尤其是從綠意深厚的季節至秋天左右最為美味。

DATA

種類	柔軟（山羊）
產地	勃艮第大區
A.O.C年	無認證
原料乳	山羊乳
熟成時間	－
固體中乳脂肪含量	45%

諮詢 FROMAGE

巴拉特起司的產地主要位於勃艮第大區。透過乳酸菌使山羊乳慢慢凝固，濾除水分後加鹽，再揉捏成一口大小的迷你球狀，而且最大特色，就是最後會再插入短木棒。

從前農家會將榨取好的山羊乳靜置一晚，把自然浮出的脂肪移至木桶口，再用木棒攪拌製成奶油。由於巴拉特起司（Baratte）外型類似用來攪拌奶油的工具「Baratte」，因此才會以此命名。

熟成後入口即化的口感
人氣扶搖直上
聖費利西安起司
Sant-Felicien

雖與產自同一地區的聖馬塞蘭起司（Saint-Marcellin）外觀相似，但體積較大。製作過程中保留了較高的脂肪含量，因此可以品嚐到濃密的牛乳風味。

 外觀 薄薄的表皮上會有白色酵母繁殖。內部為淡黃色。直徑8〜10公分的圓盤型。

 風味 具有複雜且濃厚的乳香甜味，口感如同絲稠般細緻，熟成後會入口即化。

 香氣 帶有微微的堅果香氣，內部則會飄散出泥土般的氣味。

 季節 一年四季都可以品嚐，但是春天至秋天最為美味。熟成2週以上的風味更佳。

DATA	
種類	柔軟（其他）
產地	隆－阿爾卑斯大區
A.O.C年	無認證
原料乳	牛乳
熟成時間	一
固體中乳脂肪含量	約60%

洽詢　起司王國

聖費利西安起司一名源自多菲內地區某條街道名稱。二十世紀初受到聖馬塞蘭起司（Saint-Marcellin）的啟發，開始製造出雙倍乳脂的聖費利西安起司，原本多由山羊乳製作而成，但是現在幾乎全為牛乳製成。

近年來類似奶油般濃厚綿密，熟成後入口即化的類型最受歡迎。將表皮挖開後，再用湯匙將流洩而出的滑順質地舀起來食用。

二個人吃剛剛好的大小
料理成沙拉也很美味
聖馬塞蘭起司
Saint-Marcellin

熟成後的阿菲娜起司最受歡迎，質地非常柔軟，通常會放在容器中販售。須等完全熟成後，飄散出濃厚香醇風味時再行享用。熟成時間較短時，會帶有類似山羊起司般的風味。

 外觀 小巧的圓盤型。內部的色調與組織都很類似卡士達醬。

 風味 具有均衡的甜、酸、鹹味，後味也很清爽。

 香氣 微微的堅果香氣引人胃口大開。熟成時間愈久，香氣也會變得愈發濃厚。

 季節 一年四季都可以品嚐到。建議品嚐春天至秋天生產的產品。

DATA	
種類	柔軟（其他）
產地	隆－阿爾卑斯大區
A.O.C年	無認證（I.G.P 2013年）
原料乳	牛乳
熟成時間	21天以上
固體中乳脂肪含量	50%

洽詢　ALPAGE

以多菲內地區某街道命名的起司，過去皆使用山羊乳製作而成，再熟成使之變硬。坊間謠傳，十五世紀法國國王路易十一曾於王儲時食用過。直到二十世紀後半，在里昂起司商人的創意發想下，研發出目前頗受歡迎，入口即化的「聖馬塞蘭阿菲娜起司（Saint-Marcellin-Afine）」，而且這種起司非常柔軟，無法徒手拿起，通常會裝在容器中販售。

羅勒、番茄兩種口味
皆可當作前菜輕鬆品嚐

亞佩里菲雷起司
Aperifrais

素有「起司珍珠」美名
奢華的好滋味

孟德爾起司
Mont d'Or

新鮮起司加上各式香草點綴，為其一大特色。共有二種風味，一種為搭配百里香、羅勒等香草製成的普羅旺斯風味，一種為番茄加上蒜頭風味突出的義大利風味。

季節限定的起司。眾所皆知，看到孟德爾起司就是預告秋天來了。熟成時間較短的起司風味圓潤，熟成時間久的起司則可品嚐到牛乳濃縮後的醇厚風味與香氣。

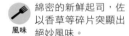一口大小的橢圓型。香草與蔬菜碎片營造出五彩繽紛的顏色。
外觀

綿密的新鮮起司，佐以香草等碎片突顯出絕妙風味。
風味

香草等配料奢華的香氣，舒服地直竄鼻腔。
香氣

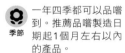一年四季都可以品嚐到。推薦品嚐製造日期起1個月左右以內的產品。
季節

DATA	
種類	新鮮
產地	隆－阿爾卑斯大區
A.O.C年	無認證
原料乳	牛乳
熟成時間	無
固體中乳脂肪含量	69%

洽詢　CHESCO

包裝於木製容器中。表皮為黃色至淡咖啡色。內部為金黃色。
外觀

質地柔軟，帶有濃厚牛乳風味，及堅果般的醇厚度與果香味。
風味

會使人聯想到深山森林中的樅樹（Episea）香氣，舒服宜人。
香氣

製造日期僅限於8月15日至隔年的3月15日。最佳賞味時機在11、12月左右。
季節

DATA	
種類	柔軟（洗皮）
產地	法蘭琪－康堤大區
A.O.C年	1981年
原料乳	牛乳（無殺菌乳）
熟成時間	最少3週
固體中乳脂肪含量	最低45%

洽詢　ORDER-CHEESE

所謂的Aperifrais，是由「Apéritif（正餐前的前菜）」與「frais（新鮮）」組合而成的名詞。亞佩里菲雷起司屬於奶油起司品牌「TARTARE」的產品之一，與葡萄酒等酒類同時被研發出來。搭配白酒或氣泡酒等餐前酒十分對味。容易攜帶的包裝方式，讓人可以隨時隨地輕鬆外帶享用。除了當作前菜之外，也能加在沙拉中享用。

孟德爾有「黃金之山」的意思，而孟德爾起司就是產自這一帶的起司，帶有來自樅樹（Episea）的宜人樹香。因為在製作過程中，會將凝乳以樅樹的樹皮包裹起來加以固定，再放置於樅樹棚架上加以洗浸並熟成，然後裝入樅樹做的木製容器中出貨，製法獨特，從頭到尾都脫離不了樅樹。充滿光澤的外觀、高雅的風味，在法國被賦予「起司珍珠」之美名。熟成後入口即化，要用湯匙舀起來品嚐。

充滿強勁香氣與溫和風味，獨樹一格的「起司之王」

伊泊斯起司

Epoisses

洗皮起司當中，伊泊斯起司的氣味堪稱最為強烈，且濃縮了牛乳的鮮醇味，十分獨樹一格。熟成時間較短時風味圓潤，熟成時間愈久風味愈發強勁，刺激性臭味也會倍增。

圓盤型，表皮為鮮橘色，但是熟成時間一久就會轉變成紅褐色。內部為清淡的棕色。
外觀

具有牛乳的柔順甜味與濃厚的鮮醇風味。雖具有特殊氣味，但不少行家都為這獨樹一格的風味著迷。
風味

芳醇，具強烈特殊氣味的刺激性香氣，在法國甚至被比喻為「神之足」。
香氣

一年四季。一般在冬季完全熟成後會變得入口即化，不過夏季熟成時間較短的產品較受歡迎。
季節

DATA	
種類	柔軟（洗皮）
產地	勃艮第大區
A.O.C年	1991年
原料乳	牛乳
熟成時間	最少4週
固體中乳脂肪含量	最低50%

洽詢　ORDER-CHEESE

　　屬於歷史悠久的起司，曾有記錄顯示，早在十六世紀便已經在修道院被製作出來。雖然氣味強烈充滿個性，但更多人為其圓潤綿密風味所傾倒。以著述食之哲學聞名於世的《美味禮讚》一書作者布里亞‧薩瓦朗（Brillat-Savarin），便讚誦伊泊斯起司為「起司之王」。進入二十世紀後，在二次世界大戰影響下，生產伊泊斯起司的農家驟減，還曾一度引發絕跡的危機。

　　獨樹一格風味，是經由獨特熟成方法才得以釀造出來。一般的洗皮起司會用鹽水洗浸表面，但伊泊斯起司卻是在最後步驟利用當地生產的渣釀白蘭地（Marc de Bourgogne，以勃艮第紅酒渣釀造而成的蒸餾酒）來洗浸。

　　不喜好強烈氣味的人，可將表皮完全去除後，單獨品嚐內部即可。不過表皮去除後會瞬間變乾燥，風味也會大打折扣，要特別注意。

用夏布利白酒製成
為搭配夏布利而生的起司

亞菲德里斯起司
Affiderice

熟成時間較短的起司較為
輕爽，熟成後香氣會倍
增，口感也會變得綿密且
入口即化，可突顯出強勁
醇厚風味。

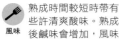

外觀 表皮為橘色。內部為
淺淺的粉黃色，熟成
時間愈久，黃色就會
變得愈濃。

風味 熟成時間較短時帶有
些許清爽酸味。熟成
後鹹味會增加，風味
也會變得濃厚。

香氣 具有洗皮起司獨特的
刺激性香氣，還會有
夏布利白酒的香氣穿
梭其中。

季節 一年四季都可以品嚐
到。尤其是秋天至冬
天的季節最為美味。

DATA
種類
柔軟（洗皮）
產地
勃艮第大區
A.O.C年
無認證
原料乳
牛乳
熟成時間
最少4週
固體中乳脂肪含量
50%

諮詢 ALPAGE

先以鹽水洗浸，最後再利用產自勃艮第地
區西北部的夏布利白酒洗浸而成。

起司內部充滿葡萄酒的風味與香氣，所以
強烈建議大家搭配夏布利白酒一同品嚐。香氣
與風味皆十分強勁，所以也能用來搭配酒體飽
滿的紅酒。完全熟成後入口即化的質地，可用
湯匙舀起來食用，配上內含堅果與水果的法式
長棍麵包，享用起來也別有一番風味。

風味溫和的洗皮起司

蘇曼特蘭起司
Soumaintrain

雖為洗皮起司，但是氣味
與風味較為沉穩。適當的
黏稠感，品嚐起來舒適宜
人，容易入口。十分推薦
給還吃不慣洗皮起司的人
嘗試。

外觀 熟成後表皮會呈現橘
色。內部為奶油色的
黏稠組織。

風味 鹹味十分明顯，但整
體而言偏向沉穩的風
味。

香氣 洗皮起司獨特的刺激
香氣較不顯著。

季節 春天至秋天的季節可
以品嚐得到。

DATA
種類
柔軟（洗皮）
產地
勃艮第大區
A.O.C年
無認證（I.G.P 申請
中）
原料乳
牛乳
熟成時間
最少21天
固體中乳脂肪含量
45%

諮詢 ALPAGE

被冠以勃根第地區，約訥省小村落蘇曼特
蘭之名的起司。在最後製程中僅以鹽水稍微洗
浸，可充分品嚐到洗皮起司獨特的鹹味、酸
味、鮮醇味，但也有似有若無的溫和氣息，容
易入口。

搭配麵包時，可選擇內含大量奶油的可頌
麵包或布里歐麵包。搭配酒類的話，則推薦同
樣產自勃根第地區，風味厚實的紅酒。

為搭配名酒而生的特別風味

香貝丹之友起司

L'ami du Chambertin

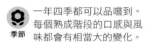

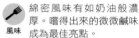

	圓盤型，高度約4公分。表皮為橘色且布滿皺摺，十分濕潤並泛出光澤。
外觀	

	綿密風味有如奶油般濃厚。嚐得出來的微微鹹味成為最佳亮點。
風味	

	擁有洗皮起司的特殊香氣，頗似魚醬或乾貨的氣味。隨著熟成時間愈久，香氣就會變得愈發刺激。
香氣	

	一年四季都可以品嚐到。每個熟成階段的口感與風味都會有相當大的變化。
季節	

具有洗皮起司特有的強勁氣味，只要品嚐一口，起司內含的濃厚鮮醇味就會在整個口腔擴散開來。內部質地柔軟，入口即化，口感十分有趣。

DATA	
種類	柔軟（洗皮）
產地	勃艮第大區
A.O.C年	無認證
原料乳	牛乳
熟成時間	1個月以上
固體中乳脂肪含量	50%

洽詢　FROMAGE

　　1950年，由GAUGRY公司創始人雷蒙‧哥古利（Raymond Gaugry）研發而出的起司。

　　產地位在勃艮第地區科多爾，和伊泊斯起司（Epoisses ➡ p.71）一樣，都利用當地的渣釀白蘭地（Marc de Bourgogne）洗浸表面製成的洗皮起司。

　　L'ami du Chambertin一名意指「香貝丹之友」，謠傳是為了搭配拿破崙皇帝鍾愛的知名香貝丹紅酒，所以才會被製作出來。

　　風味濃厚，獨具一格。均衡的甜味、鹹味、

鮮醇味，與風味奢華飽滿的香貝丹紅酒不相上下。除了香貝丹紅酒之外，也能用來搭配澀味強烈且沉穩的葡萄酒。

　　熟成時間較短時香氣並不明顯，隨著熟成時間愈久，香氣也會變得十分強勁。不習慣這種氣味的人可能會敬而遠之，但是熟成後的香氣愈強烈，其鮮醇味也會隨之大增。

初嚐洗皮起司的人
萬萬不容錯過

皮耶丹古羅起司

Pié d'Angloys

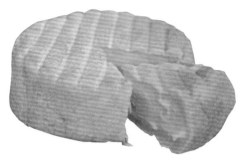

蓋上酒紅色封蠟章的包裝
方式，深得現代人喜好，
屬於近年來人氣直升的一
款起司。纖細且高雅的風
味，與洗練的包裝十分相
稱。最適合搭配辛味的白
酒。

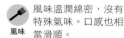 外觀　表面呈現亮膚色的平
行細溝，不黏膩且十
分柔軟。

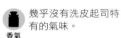 風味　風味溫潤綿密，沒有
特殊氣味。口感也相
當滑順。

香氣　幾乎沒有洗皮起司特
有的氣味。

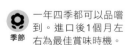 季節　一年四季都可以品嚐
到。進口後1個月左
右為最佳賞味時機。

DATA	
種類	柔軟（洗皮）
產地	勃艮第大區
	＊照片中的起司為羅亞
	爾河大區所生產
A.O.C年	無認證
原料乳	牛乳
熟成時間	—
固體中乳脂肪含量	62%

洽詢　CHEESE HONEY

　　此起司的原型，早在十四世紀開打的英法
百年戰爭休戰期間就已經被製作出來，命名時
正好處於英軍佔優勢之際，因此d'Angloys就
是英國的意思。坊間盛傳，當法軍勢力擴展過
來之後，起司還曾被改名為Pie Francois。
　　或許是經由鹽水洗浸過後，再用清水重新
洗浸一遍的緣故，洗皮起司特有的質地與香氣
並不明顯，十分容易入口。

類似卡門貝爾起司般的綿密風味

路可隆起司

Roucoulons

圓型紙製外包裝上的紅色
愛心十分引人注目。外
觀與風味皆類似卡門貝
爾起司（Camembert ➡
p.31），但也可以充分品
嚐到洗皮起司特有的濃厚
風味。

 外觀　淡咖啡色的表皮上覆
蓋著薄薄一層白色酵
母，乍看之下很像白
黴起司。

 風味　整體帶有綿密風味。
洗皮起司獨特的氣味
適度點綴其中。

香氣　將整個表皮含在口
中，會有洗皮起司特
有的香氣內斂地釋放
出來。

 季節　一年四季。從正中央
往壓下，感覺柔軟且
具有彈性時，就是最
佳賞味時機。

DATA	
種類	柔軟（洗皮）
產地	法蘭琪－康堤大區
A.O.C年	無認證
原料乳	牛乳
熟成時間	2～3週
固體中乳脂肪含量	55%

洽詢　FROMAGE

　　產地位在康堤地區，雖為洗皮起司，但特
殊氣味較為清淡，鹹味也不明顯，可直接品嚐
到牛乳甜味與醇厚風味。隨著熟成時間愈久，
會出現白色酵母覆蓋在橘色表皮上。
　　搭配麵包食用時，可選擇不會影響纖細沉
穩起司風味的麵包，例如口味樸實的法式長棍
麵包等等。搭配葡萄酒時，則與果香味且酒體
輕盈的紅酒、辛味白酒較為適合。

適合清口的絕佳溫和風味
霍依起司
Rouy

起司被綿密且適度的濃醇味溫和包覆起來，口感柔軟滑順，鹹味並不強烈，風味引人入勝。屬於容易入口的洗皮起司。

外觀 具有弧角的四角型。橘色表皮上有薄薄一層白色酵母繁殖。

風味 雖有特殊風味，但整體而言屬於溫和的味道。

香氣 香氣不明顯，但是靠近鼻子可聞到特有的濕潤香氣。

季節 一年四季都可以品嚐到。進口後約20天內為最佳賞味時機。

DATA

種類	柔軟（洗皮）
產地	勃艮第大區 *照片中的起司為羅亞爾河大區所生產
A.O.C年	無認證
原料乳	牛乳
熟成時間	—
固體中乳脂肪含量	約50%

洽詢 ORDER CHEESE

　　具有弧角的四角型，表皮乾燥不黏膩，具有洗皮起司的特色。與外觀一樣，風味清淡不膩口，但是完全保留洗皮起司特有的醇厚度與香氣。初次嘗試的人應避免食用，但推薦給開始接受洗皮起司的人享用。

　　與一般的洗皮起司一樣，適合搭配帶有酸味的黑麥麵包，或是風味厚實的紅酒。配上溫熱的馬鈴薯也很美味。

透過近代製法製成的溫潤起司
帕芙菲諾起司
Pave d'Affinois

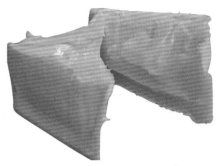

使用牛乳製成的白黴起司。Pave意指石台階，因此正如其名，外型也是呈現長方體。隨著熟成時間會變得柔軟，形成如同卡士達醬一般的組織。

外觀 如骰子般的外型。表皮在熟成時間較短時為純白色，熟成後會轉為深咖啡色。

風味 鹹味並不明顯，容易入口。熟成後也會變得非常柔軟。

香氣 香氣沉穩。幾乎沒有白黴起司特有類似菇類般的泥土香氣。

季節 一年四季。風味與口感會隨著熟成時間不同起變化，可依個人喜好選擇。

DATA

種類	柔軟（白黴）
產地	隆－阿爾卑斯大區
A.O.C年	無認證
原料乳	牛乳
熟成時間	—
固體中乳脂肪含量	60%

洽詢 CHEESE HONEY

　　不同於一般起司，利用超濾法（ultra-filtration，透過超微細的超濾器，在原料乳凝固前先將水分濾除的方法）這種現代製法製作而成。藉由這種製法，可將製作起司的必要成分，從牛乳中濃縮萃取出來。建議在食用時將上方表皮切除，再將滑順的起司舀起來食用，或是像起司火鍋一樣沾著吃。與果香味的紅酒十分對味。

將召喚幸福的起司送給最珍惜的人

巴拉卡起司

Baraka

為法國節慶時分最受歡迎的禮物，具有濃縮鮮醇味的牛乳風味，以及純白色的美麗黴菌。無論風味或外觀，都給人一派奢華的感覺。

外觀 彷彿被切掉局部的甜甜圈，呈現出馬蹄造型。外部覆蓋著絨毛般的白黴菌。

風味 含在口中的瞬間，濃厚的奶油風味就會擴散開來。雖然鹹味明顯，但後味卻十分清爽。

香氣 如同奶油般的溫潤乳香味會直竄鼻腔。

季節 一年四季都可以品嚐到。脂肪含量高，容易融化，所以保存時須特別注意。

DATA	
種類	柔軟（白黴）
產地	勃艮第大區以外的地區
A.O.C年	無認證
原料乳	牛乳
熟成時間	—
固體中乳脂肪含量	70%

洽詢 NIPPON MYCELLA

這款白黴起司的產地主要集中在勃艮第大區，以及相鄰的法蘭西島大區。在歐洲將馬蹄視為幸福的象徵，所以馬蹄造型的巴拉卡起司就像是會帶來幸福的起司，被當作最寶貴的禮物。

由於巴拉卡起司屬於牛乳加上鮮奶油製作而成的雙倍乳脂起司，脂肪含量高達70%，所以濃郁的風味為其一大特徵。在適度鹹味作用下，一開始入口時就能想像到後味並不膩口，話雖如此，一直單吃起司還是會覺得負擔過大，因此大多會佐以酸味強勁的水果，例如搭配可使口腔感覺清爽的蘋果一起食用。

搭配酒類時，風味飽滿的酒類較不適合，建議選擇氣泡類的白酒，或是帶果香味且酒體輕盈的紅酒。由於非常容易受高溫影響而融化，所以分切完足夠食用分量後，就要馬上放入冰箱。

初嚐藍黴起司的人必選
爵亨精選藍黴起司
Gerard Selection Fromage Blue

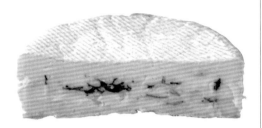

風味不會因為時間或地點
而改變，開封瞬間即可享
用。雖為藍黴起司，但風
味出乎意外地圓潤，沒有
特殊氣味。老少咸宜的味
道，派對場合必備。

 外觀
外部覆蓋著薄薄一層
白黴菌。內部也摻雜
著少許藍黴菌。

 風味
非常圓潤。綿密深層
的乳香味中，可以感
覺到藍黴菌的風味。

 香氣
藍黴菌銳利的香氣並
不明顯，只給人一種
奢華的感覺。

季節
一年四季。

DATA	
種類	藍黴
產地	隆－阿爾卑斯大區
A.O.C年	無認證
原料乳	牛乳
熟成時間	－
固體中乳脂肪含量	59%

洽詢 CHESCO

　　以布瑞斯藍黴起司（Bresse Bleu ➡
p.79）為基調所開發出來的耐長時間保存
（將最佳賞味時機的起司加熱處理停止熟成，
可長時間保存的起司）的藍黴起司。同為爵亨
品牌的起司另有白黴起司、洗皮起司。爵亨精
選藍黴起司屬於風味純樸的藍黴起司，用途廣
泛，可與無鹽奶油攪拌均勻成為一道小點心，
也能撕碎撒在沙拉上，甚至拌入沾醬或淋醬中
搭配蔬菜一起享用。與辛味的白酒，或是令人
意想不到的甜味玫瑰紅酒，也都十分對味。

黏稠溫和的藍黴起司
和韋爾高・薩斯納日
藍黴起司
Bleu du Vercors-Sassenage

採用的原料乳，是來自在
大自然中成長的牛隻，柔
軟有彈性的口感為其一大
特色。直接享用也十分美
味，與碎核桃、鮮奶油拌
勻後塗抹在麵包上稍微烤
一下，又別有一番風味。

 外觀
表皮上覆蓋薄薄一層
白黴菌。奶油色的質
地布滿藍黴菌。

 風味
風味溫潤，據說為
A.O.C藍黴起司中最
溫和的一款起司。

 香氣
可品嚐到堅果香氣，
且比其他藍黴起司更
為沉穩。

 季節
嫩菜發芽的季節至冬
天為最佳賞味時機。
熟成2～3個月的產品
最為美味。

DATA	
種類	藍黴
產地	隆－阿爾卑斯大區
A.O.C年	1998年
原料乳	牛乳
熟成時間	最少21天
固體中乳脂肪含量	最低48%

洽詢 FROMAGE

　　中世紀時代，由修道士傳授給當地居民的
起司。過去曾一度停止生產，幾近絕跡，在幾
名熱情的酪農生產者努力之下，近年來開始有
工廠量產，並於1998年獲得A.O.C認證。
　　Sassenage一名源自十四世紀中葉，允許
和韋爾高・薩斯納日藍黴起司自由販售的領主
之名，也是城鎮的名稱。Vercors則取自城鎮
附近的山地名稱。

風味溫和備受歡迎的藍黴起司

佛姆德蒙布里松起司

Fourme de Montbrison

雖為藍黴起司，但特殊氣
味並不明顯，容易入口。
保留藍黴起司特有風味，
但鹹味與香氣較為內斂。
推薦給還不太敢品嚐藍黴
起司的人享用。

外觀 深黃色的質地中，四處遍布著藍黴菌。具有不規則的氣孔。表皮為橘色。

風味 具有黏稠的牛乳甜味、刺激性的藍黴起司辛辣味。品嚐到柔軟的彈性口感。

香氣 藍黴起司特有的嗆鼻刺激性香氣較不明顯。

季節 一年四季都可以品嚐到。據說秋天至冬天的產品最為美味。

DATA	
種類	藍黴
產地	隆－阿爾卑斯大區
A.O.C年	2002年
原料乳	牛乳
熟成時間	最少32天
固體中乳脂肪含量	最低50%

諮詢 ORDER CHEESE

　　產地位在法國東南部的佛雷山脈東側，西側則為受封「高貴起司」的佛姆德阿姆博特起司（Fourme d'Ambert ➡ p.85）之產地，這兩種起司的起源古老，可回溯至七～九世紀。近代生產佛姆德蒙布里松起司的農家驟減，所以直到2002年以前，都與佛姆德阿姆博特起司被視為同一種起司，不過製造方法、產地、風味、表皮顏色（佛姆德阿姆博特起司泛灰色）都不相同，所以經A.O.C認證為新型品種。

　　從前會在夏天的山間小屋製作這種100％牛乳的藍黴起司，冬天再移至山麓的農家生產，而且會擺在杉木棚架上，一邊用鹽水擦拭，一邊讓起司熟成。因此有別於泛著灰色的佛姆德阿姆博特起司，佛姆德蒙布里松起司的表皮呈現美麗的橘色。

　　雖為容易入口的藍黴起司，但濃厚的風味猶存。可用來搭配沉穩的果香味紅酒，或類似貴腐酒這種風味飽滿的葡萄酒。

產量稀少的珍貴起司
熱克斯藍黴起司
Bleu de Gex

類似半硬質起司般的口感，帶有牛乳溫和風味的藍黴起司。在當地可享用到融合熱克斯藍黴起司（Bleu de Gex）與康堤起司（Comte ➡ p.60）的起司火鍋，除了可當成正餐，也很適合作為甜點。

外觀 表皮薄且乾燥。整塊起司乍看之下很難想像是塊藍黴起司。

風味 飽滿的乳香風味，加上淡淡的苦味，呈現絕妙比例。質地容易崩散，口感柔軟。

香氣 含在口中會散發出微微榛果般的香氣。

季節 一年四季都可以品嚐到。夏天開始製作的產品格外優質。

DATA	
種類	藍黴
產地	法蘭琪－康堤大區
A.O.C年	1977年
原料乳	牛乳（無殺菌乳）
熟成時間	最少3週
固體中乳脂肪含量	最低50%

洽詢 FROMAGE

　　產地位在鄰近瑞士邊境的侏羅山脈，屬於大型起司的一種，常被稱作「高原藍黴起司」，使用灰綠青黴（Penicillium glaucum）這種藍黴菌製作而成，並於十三世紀左右，由修道士將起司製法導入此地。流傳至今的記錄中顯示，1530年統治這個地方的神聖羅馬皇帝查理五世，便極為偏好熱克斯藍黴起司。

　　熱克斯藍黴起司是種不辭勞苦遵循傳統製法製作而成的起司，產量稀少。

集法國人萬千寵愛於一身的起司
布瑞斯藍黴起司
Bresse Bleu

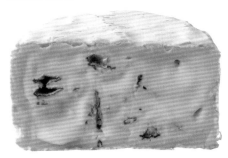

在牛乳中添加鮮奶油製作而成的起司。表皮覆蓋著白黴菌，內部則充滿藍黴菌，有別以往的一款起司。白黴起司的溫潤度再加上藍黴起司的醇厚度，濃淡合宜地彼此調和著。

外觀 圓柱型。表皮覆蓋著白黴菌。內部為淡黃色質地，並混雜著藍黴菌。

風味 圓潤綿密，雖然帶有藍黴菌的特殊風味，但是較為沉穩。

香氣 兼具藍黴菌與白黴菌的香氣，幾乎沒有突出的香氣。

季節 一年四季。

DATA	
種類	藍黴
產地	隆－阿爾卑斯大區
A.O.C年	無認證
原料乳	牛乳
熟成時間	2～4週以上
固體中乳脂肪含量	55%

洽詢 CHESCO

　　雖然布列斯地區以A.O.C認證的「布列斯雞」聞名於世，卻也是誕生於第二次世界大戰期間的布瑞斯藍黴起司的產地。

　　因為在戰爭期間無法取得敵國義大利的古岡左拉起司（Gorgonzola ➡ p.102），為一飽口腹之慾，才會奮力一搏生產出這種起司。

　　除了直接享用之外，撒在沙拉上也很美味。葡萄酒則適合搭配酒體輕盈的紅酒。

法國各區生產地圖
La France/Auvergne et Midi
AREA MAP

法國　奧文尼・南部
各地最具代表性的起司

羅克福起司
（Roquefort ➡ p.82）

具刺激性，鹹味強烈，羊乳製的
藍黴起司。名列世界三大藍黴起
司，為法國最古老的起司之一。

加普隆起司
（Gaperon ➡ p.93）

「Gape」這個名字源自奧文尼
地區的方言，意指buttermilk
（脫脂乳）。為了增加醇厚度，
因此加入了蒜頭與胡椒。

奧文尼
Auvergne

M
a
s
s
i
f

中
央
高
地

C
e
n
t
r
a
l

比斯開灣
Golfe de
Gascogne

波爾多
Bordeaux
加倫河
Garonne

普羅旺斯
—阿爾卑斯
—蔚藍海岸
Provence
-Alpes
-Cote d'Azur

Aquitaine
亞奎丹

Midi
-Pyrénées
南部—庇里牛斯

Languedoc
-Roussillon

Le Rhône
羅納河

Marseille
馬塞

Les Pyrénées
庇里牛斯

朗格多克—
魯西永

Mer Méditerranée
地中海

Corse/Corsica
科西嘉

邦翁起司
（Banon ➡ p.89）

普羅旺斯地區所生產的
山羊起司。冬天貯藏時
會用栗子葉包裹起來，
這也是邦翁起司最原始
的模樣。

產於石灰質土壤滿布的貧瘠高原
及地中海溫暖海風吹撫下的南方大地

法國南部擁有各式各樣的起司，例如始於羅馬時代歷史悠久的起司，還有在地中海型氣候下蘊育而出的山羊起司，甚至於緊鄰庇里牛斯山脈的西班牙風味起司。

別名為法國中央高原（Massif Central）的奧文尼大區，自古即以優質畜產品生產地名聞遐邇。緊接在下方的南部－庇里牛斯大區，則是個連葡萄都種不出來的畜羊溪谷，善用石灰岩山地所形成的洞穴製作羅克福起司（Roquefort）。

面對地中海的普羅旺斯與朗格多克大區，有餵食地中海香氣四溢的香草長大的山羊與綿羊。使用這裡的山羊乳或綿羊乳所製成的新鮮起司，會散發出微微的香草香氣，風味清爽。

連接西班牙的亞奎丹大區巴斯克自治區，是片西班牙文化色彩濃厚的土地，科西嘉島則擁有強烈義大利色彩的獨特飲食文化，產自這兩個地方的羊乳起司皆遠近馳名。

奧文尼大區 Auvergne
（❸阿列省、⓯康塔爾省、㊸上羅亞爾省、㉓多姆山省）

在這片擁有湖水與火山的土地上，自羅馬時代起便開始製作起司，且已獲A.O.C認證。除了康塔爾起司（Cantal）等體積龐大的硬質起司外，也生產布勒德奧福格起司（Bleu d'Auvergne）這類的藍黴起司。

亞奎丹大區 Aquitaine
（㉔多爾多涅省、㉝吉倫特省、㊵朗德省、㊼洛特－加龍省、㉔比利牛斯－大西洋省）

擁有綿長的海岸線，而巴斯克自治區、伯恩地區則受到西班牙文化的深遠影響。國境庇里牛斯山脈一帶，也有生產硬質的羊乳起司，例如歐姿‧伊拉堤起司（Ossau-Iraty）等等。

科西嘉大區 Corse / Corsica
（2A南科西嘉、2B上科西嘉）

以灌木（百里香、迷迭香、月桂樹等矮樹）作為飼料，所以生產出來的起司充滿灌木香氣。初春之際可品嚐到綿羊乳製成的布羅秋起司（Brocciu）。

南部－庇里牛斯大區
Midi-Pyrénées
（❾阿列日省、⓬阿韋龍省、㉛上加龍省、㉜熱爾省、㊻洛特省、㊺上比利牛斯省、㉛塔恩省、㉘塔恩－加龍省）

阿韋龍省的魯埃格地區擁有可生產出羅克福起司（Roquefort）的特別洞穴，在遍布石灰質山地的土地上，生產綿羊乳與山羊乳等獨特濃厚風味的起司。

普羅旺斯－阿爾卑斯－蔚藍海岸大區
Provence-Alpes-Cote d'Azur
（❹上普羅旺斯阿爾卑斯省、❺上阿爾卑斯省、❻阿爾卑斯濱海省、⓭羅訥河口省、㉓瓦爾省、㉘沃克呂茲省）

製作類型迥異的山羊起司，且多為富含乾燥香料香氣的起司。例如為了保護表皮，使用栗子葉包裹的邦翁起司（Banon）也是出自此處。

朗格多克－魯西永大區
Languedoc-Roussillon
（⓫奧德省、㉚加爾省、㉞埃羅省、㊽洛澤爾省、㉞東比利牛斯省）

由於缺乏廣大的牧草地，因此只能飼育山羊或綿羊，所生產的新鮮山羊起司充滿著香草香氣。

＊❸阿列省等編號為法國省縣編號。地區、省縣的行政劃分以2015年8月為準。

置於洞穴中熟成，世界三大藍黴起司之一

羅克福起司

Roquefort

外觀 白色質地中摻雜著藍色。整塊起司都看得到青綠色的黴菌，縱向遍布的藍黴紋路稱作「煙囪」。

風味 具刺激且尖銳的鹹辣獨特風味。綿羊乳獨樹一格的醇厚度與甜味，正好與鹹味達成平衡。

香氣 具有奢華的藍黴香氣，也可感覺到香氣濃重的綿羊乳為主要基調。

季節 一年四季。一般以熟成3～4個月左右為最佳賞味時機。

DATA	
種類	藍黴
產地	南部－庇里牛斯大區
A.O.C年	1925年
原料乳	羊乳（無殺菌乳）
熟成時間	最少3個月
固體中乳脂肪含量	最低52%

洽詢 ALPAGE

帶著刺激氣味且鹹味強勁的羅克福起司，最適合用來搭配具甜味的食物。葡萄酒方面，建議選擇梭甸（Sauternes）這類的貴腐甜酒。烹調肉類料理或沙拉時若能善用羅克福起司的鹹味，可襯托出絕佳的點綴效果。

羅克福起司擁有超過2000年的歷史，據說為法國最古老的起司之一。統一規定要放在康巴盧山的洞穴中熟成，因為此處的洞穴為石灰岩的岩山，屬於天然的熟成庫，終年內部保持在起司最適合熟成的溫度（9℃）與濕度（90%以上）。風（濕氣）會從四面八方的龜裂處灌進來，將特別的「羅克福爾藍黴菌（Penicillium Roqueforti）」送進洞穴裡。現在還會將洞穴內區分成幾個區域，將不同的品牌分類熟成。

為保護羅克福起司，早在1411年，當時的國王查理六世便頒與該村居民專利認證書，允許他們可於洞穴中熟成起司。後來更在1925年，成為法國首獲A.O.C認證的起司。現在羅克福起司不斷出口至世界各地，擄獲一班起司行家的胃。

乳香綿密風味的「牛乳版羅克福起司」
科斯藍黴起司
Bleu des Causses

滑順綿密的風味，很適合搭配單寧高且酒體豐盈的紅酒。由於具有類似奶油般的風味，因此建議塗抹在黑麥麵包上，或是加在歐姆蛋中享用。

 外觀 自然形成的淺咖啡色表皮。內部為淡黃色，且整塊起司都遍布著深色的藍黴菌。

 風味 綿密濃醇，給人力道強勁且高雅的感覺。鹹味適中且沉穩。

 香氣 具有藍黴菌獨特的芳香氣味。

 季節 一年四季。尤其是熟成時間長的冬季產品，擁有獨樹一格的風味。

DATA
種類	藍黴
產地	南部－庇里牛斯大區
A.O.C年	1979年
原料乳	牛乳
熟成時間	最少70天
固體中乳脂肪含量	最低45%

洽詢 ORDER-CHEESE

　　原產地位在魯埃格地區，過去曾由綿羊乳混合牛乳或山羊乳製成，現在則全部採用牛乳製造。這種藍黴起司以仿傚羅克福起司（Roquefort ➡ p.82）的製法而聲名遠播。

　　起司上所繁殖的藍黴菌種類，還有放置在自然洞穴內熟成的製程，都與羅克福起司如出一轍，不同之處僅在於原料乳的差別。風味雖然強勁，但口感滑順綿密，比羅克福起司更容易入口。

產自法國最佳起司產地的藍黴起司
布勒德奧福格起司
Bleu d'Auvergne

具刺激性的辛味，很適合搭配酒體飽滿的紅酒。放在馬鈴薯上，淋上鮮奶油後烤來吃，也相當美味。

 外觀 遍布泛著綠色的藍黴菌。自然形成的咖啡色表皮上，也有藍黴菌繁殖。

 風味 風味綿密。會刺激舌頭的鹹味，以及清淡的榛果風味最令人印象深刻。

 香氣 具藍黴菌的香氣，但是不像羅克福起司這般強烈。

季節 一年四季。尤其是夏天至冬天的產品最為美味。

DATA
種類	藍黴
產地	奧文尼大區
A.O.C年	1975年
原料乳	牛乳
熟成時間	最少4週
固體中乳脂肪含量	最低50%

洽詢 世界起司商會

　　這款藍黴起司的原產地，就是蘊釀出康塔爾起司（Cantal ➡ p.96）的奧文尼大區。使用與古岡左拉起司（Gorgonzola）一樣的灰綠青黴（Penicillium glaucum），仿傚羅克福起司製作而成。現在的主流商品多為使用殺菌乳製成的工廠製造起司。

　　使用無殺菌乳製成的布勒德奧福格起司十分稀少，但是具有粗獷風格的刺激性辛味，再加上後味持久的芳醇奶香味、鮮味、堅果風味，令人愛不釋口。

藍黴菌香氣宜人的
新鮮起司
菲雷普雷吉爾德
聖艾格起司
Frais Plaisir de Saint Agur

綿密清爽的藍黴起司風味，與甜味的白酒及紅酒最對味。可直接塗抹在蘇打餅乾或麵包上，也能當作蔬菜沾醬，十分美味。

外觀 無表皮，質地柔軟。呈現混雜著藍黴菌且偏灰的奶油色。

風味 具有新鮮起司的綿密風味，並且適度融合了藍黴起司風味。

香氣 具有微微的藍黴菌獨特刺激性香氣。

季節 一年四季。進口後3週內為最佳賞味時機。

DATA	
種類	藍黴／新鮮
產地	奧文尼大區
A.O.C年	無認證
原料乳	牛乳
熟成時間	
固體中乳脂肪含量	75%

洽詢 CHESCO

一提到新鮮起司，就會聯想到綿密且入口即化的特徵，而菲雷普雷吉爾德聖艾格起司便是融合新鮮起司的優點，再加上奢華藍黴風味的多層次起司。以「聖艾格起司（Saint Agur）」的藍黴風味作為基調，使大家熟悉的藍黴起司沉穩風格變得更加溫潤，減少藍黴起司特有的氣味，就連藍黴起司入門者也值得一試。

風味沉穩，
適合藍黴起司入門者一試
聖艾格起司
Saint Agur

建議搭配酒體輕盈的紅酒。搭配甜點可襯托出藍黴起司的沉穩風味與鹹味，所以可與內含核桃或葡萄乾的麵包、蜂蜜等一起享用，美味出眾。

外觀 無表皮，呈現遍布青綠色黴菌的奶油色。組織相當緊實。

風味 鹹味並不明顯，給人綿密醇厚且沉穩的感覺。

香氣 具有藍黴起司特有的嗆鼻香氣。

季節 一年四季。賞味期限約為60天內，購買後應儘早食用完畢。

DATA	
種類	藍黴
產地	奧文尼大區
A.O.C年	無認證
原料乳	牛乳
熟成時間	
固體中乳脂肪含量	60%

洽詢 CHESCO

眾所皆知，聖艾格起司在藍黴起司當中屬於容易入口，很適合藍黴起司入門者一試。外觀雖然類似羅克福起司（Roquefort ➡ p.82），但為牛乳製成，所以風味綿密，濃醇度夠但口味溫和，整體感覺相當沉穩。再加上鹽分含量較低，這也是聖艾格起司的特色之一。倘若這樣還是覺得偏鹹，食用時不妨淋上蜂蜜添加甜味，可使風味更加溫潤。

素有「高貴起司」美名的高雅風味

佛姆德阿姆博特起司

Fourme d'Ambert

此款起司的產地位在佛雷山脈，東側則生產屬於藍黴起司的佛姆德蒙布里松起司（Fourme de Montbrison ➡ p.78），外型雖然雷同，但表皮顏色、風味、口感皆天差地別，大不相同。

 外觀 圓筒型。表皮薄，呈現偏白的黃色。藍黴菌像羅克福起司一樣，均勻地繁殖著。

 風味 綿密圓潤，黴菌雖多，但刺激性及鹹味較淡。還具有堅果般的微微甜味。

 香氣 具有藍黴起司般淡淡的藍黴菌香氣。

季節 一年四季。尤其是夏天至冬天的產品最為美味。

DATA	
種類	藍黴
產地	奧文尼大區
A.O.C年	1972年
原料乳	牛乳
熟成時間	最少28天
固體中乳脂肪含量	最低50%

洽詢 世界起司商會

這款起司的風味，贏得「高貴藍黴起司」之美名，在日本的人氣與羅克福起司並駕齊驅。最大的特色便在於溫和沉穩的風味。

初見佛姆德阿姆博特起司，可能會被內部遍布的大量黴菌給嚇到。雖然黴菌數量驚人，但刺激性氣味並不強烈，藍黴起司特有的辛味也不明顯，值得藍黴起司入門者一試。

過去產地位在標高600至1600公尺的山谷中，並將起司置於岩石凹洞處內熟成。現在雖然都是透過近代化工廠製造，但仍完全承繼這套傳統製法。當起司表面如石頭般呈現稍微凹凸不平，且外側乾燥時為最理想狀態。聽說行家都會用湯匙挖掉起司中央部分，再將波特酒（Port Wine）倒進去追熟後享用。

產自奧文尼大區，
綿密醇厚的藍黴起司

拉奎爾藍黴起司
Bleu de Laqueuille

風味濃郁厚實，建議與黑
麥麵包等帶有酸味的簡樸
食物一起享用。葡萄酒則
適合選用稍具醇厚度，且
帶有果香的類型。

外觀 表皮薄，帶有自然的黴菌。內部整個遍布青綠色的黴菌。

風味 風味稍微尖銳。具有飽滿的醇厚度，可品嚐到濃郁綿密的感覺。

香氣 具有藍黴起司特有的刺激性嗆鼻香氣。

季節 一年四季。尤其是夏天至秋天的產品最為美味。

DATA	
種類	藍黴
產地	奧文尼大區
A.O.C年	無認證
原料乳	牛乳
熟成時間	－
固體中乳脂肪含量	45%

洽詢　ALPAGE

　　與布勒德奧福格起司（Bleu d'Auvergne ➡ p.83）一樣，都是產自奧文尼大區的藍黴起司。據說在1850年左右，拉奎爾村某戶起司農家將黑麥麵包上取得的藍黴菌摻入起司中，因而製作出拉奎爾藍黴起司（Bleu de Laqueuille）。尖銳且綿密的風味頗受好評，甚至被公認為這個地區的特產。

　　雖與布勒德奧福格起司極為類似，但拉奎爾藍黴起司具有更濃郁的奶香味。

打出公司名號，
風味溫潤的洗皮起司

莎比雪起司
Chaumes

風味綿密，適合搭配酒體
輕盈的紅酒或風味醇厚的
啤酒。搭配柳橙等柑橘類
的水果也很美味。

外觀 表皮薄，為鮮橘色。內部為奶油色，具有彈性的柔軟組織。

風味 沉穩溫潤，且具有柔順奶香的溫和風味。

香氣 具有洗皮起司特有的芳醇香氣，但卻不會過於強烈。

季節 一年四季。進口後約20天內為最佳賞味時機。

DATA	
種類	柔軟（洗皮）
產地	南部－庇里牛斯大區
A.O.C年	無認證
原料乳	牛乳
熟成時間	3～4週
固體中乳脂肪含量	50%

洽詢　CHESCO

　　由具法國代表性的起司製造商，莎比雪公司所生產的起司。在洗皮起司中屬於難得一見的大型起司，整塊約達2公斤，呈現直徑20至30公分的扁平型，另外也有200公克的產品。

　　奶香溫潤的風味為其一大特色，沒有特殊氣味，口感柔軟具彈性。直接食用也很美味，但是建議可以稍微加熱一下，等內部融化後，洗皮起司特有的香氣也會稍微增加。

黑聖母教堂聳立的朝聖地特產

羅卡馬杜起司

Rocamadour

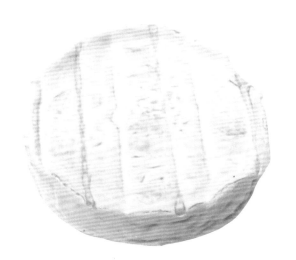

外觀 表皮薄，彷彿有粉狀附著一般。內部為乳白色，質地濕潤且柔軟。

風味 熟成時間較短時具有奶香味，但是當熟成時間一久，就會出現刺激性的嗆鼻辛辣感。

香氣 具有山羊起司特有的奶香氣息。

季節 春天至秋天可以品嚐得到。熟成2週後為最佳嚐味時機。熟成1～2個月後會出現不同風味。

DATA	
種類	柔軟（山羊）
產地	南部－庇里牛斯大區
A.O.C年	1996年
原料乳	山羊乳（無殺菌乳）
熟成時間	10天
固體中乳脂肪含量	最低45%

洽詢　ALPAGE

可搭配草莓或洋梨等水果一起製作成一道甜點。熟成時間較短時，適合具果香味且容易入口的紅酒或玫瑰紅酒。若要搭配熟成一段時間的起司，則可選擇酒體飽滿的紅酒。

　　自十二世紀以來，羅卡馬杜村就是遠近馳名的朝聖地。所謂的羅卡馬杜起司，意指「阿馬杜爾的岩山」，因為1166年在這裡發現了聖人阿馬杜爾（Amadour）的聖遺物（天主教用來稱呼聖人遺物或遺骸的名詞。這裡指的是完全沒有腐朽，保持生前樣貌的遺體，也稱作金身）。供奉黑色聖母的聖母教堂，聳立在多爾多涅河支流開闢而出的陡峻山谷斷崖邊，周邊有教堂與小村莊群聚。

　　誕生於羅卡馬杜村的山羊起司，一般習慣稱為「卡貝可起司」或「卡貝可羅卡馬杜起司」。所謂的卡貝可為中世紀的普羅旺斯語，有小山羊起司的意思。由於相同名稱的山羊起司眾多，因此在A.O.C認證之際，統一稱之為羅卡馬杜起司。

　　最佳賞味時機，是在表皮熟成至粉狀附著後，就應立即享用。質地濕潤結實，奶香風味突出，但是熟成1～2個月後，則會變得具有刺激性辛辣味。

迎合現代人口味的
綿密山羊起司

佩拉棟起司
Pélardon

從柔軟新鮮的質地，到熟
成後乾燥變硬的緊實口
感，通通可以從這款起司
身上品嚐得到。想要享用
綿密風味的人，建議選擇
熟成時間較短的產品。

 外觀
直徑約6公分左右。
表皮薄，有自然的黴
菌繁殖。內部質地細
緻。

 風味
帶有微微的酸味。熟
成時間愈久，就會散
發出類似榛果般的濃
厚風味。

 香氣
山羊乳獨特的香氣並
不明顯，也有浸泡在
當地葡萄酒中熟成的
產品。

 季節
一年四季都可以品嚐
到。最佳賞味時機則
是在春天至初秋。

DATA	
種類	柔軟（山羊）
產地	朗格多克－魯西永大區
A.O.C年	2000年
原料乳	山羊乳（無殺菌乳）
熟成時間	最少11天
固體中乳脂肪含量	45%

洽詢　日食

　　產地位在南法各處，屬於小型的山羊起
司。佩拉棟起司在塞文地區的方言中有「山羊
起司」之意，此地區的農家普遍都會製作。
　　現在依照A.O.C規定，傳統的佩拉棟起司
所使用之原料乳，必須來自指定地區放牧超過
210天的山羊。因為佩拉棟起司的濃厚風味與
醇香度，一定得靠食用當地香氣豐富的香草與
穀物的山羊，才得以蘊釀出來。

可品嚐到清爽百里香香氣的起司

聖尼古拉斯起司
Saint-Nicolas

具有山羊乳的乳香與濃醇
風味。想搭配麵包一起食
用時，建議選擇具有酸味
的黑麥麵包。若要搭配葡
萄酒，則適合具辛味的優
質白酒。

 外觀
約100公克左右的長
方型。表皮薄，質地
柔軟。內部濕潤。

 風味
具有微微的酸味。會
在舌頭上融化開來，
帶有山羊乳的濃厚風
味與甜味。

 香氣
具有百里香的香氣，
但幾乎嚐不出山羊乳
的氣味。

 季節
春天至初夏。

DATA	
種類	柔軟（山羊）
產地	朗格多克－魯西永大區
A.O.C年	無認證
原料乳	山羊乳（無殺菌乳）
熟成時間	最少3天
固體中乳脂肪含量	45%

洽詢　起司王國

　　由聖尼古拉斯修道院製作出來的起司，特
徵為具有豐富的香草香氣。外觀看起來不像摻
有香草的感覺，初嚐時會驚為天人，但其實香
氣來自於製作起司的原料乳。因為這個地區臨
近地中海，這裡山羊在成長過程中都會食用南
法的香草，所以可生產出具香草香氣且風味濃
醇的山羊乳。為使山羊乳的香氣更上一層，聽
說還會加入百里香的萃取菁華。

風味獨樹一格
卻十分清爽容易入口

羅福德格里古起司

Rove des Garrigues

建議搭配具清淡辛味的玫瑰紅酒或白酒。另外也可以搭配具青草香氣的白蘇維翁（Sauvignon Blanc，葡萄品種之一）白酒，享受雙重香草的風味。

純白色。每塊起司會揉圓成60～80公克左右的丸子狀。
外觀

帶有清爽的酸味與甜味。山羊乳的風味十分獨樹一格。
風味

帶奶香味，再加上百里香與迷迭香等香氣濃烈的香草香氣。
香氣

春天至冬天為止。
季節

DATA	
種類	柔軟（山羊）
產地	南部－庇里牛斯大區
A.O.C年	無認證
原料乳	山羊乳
熟成時間	－
固體中乳脂肪含量	45%左右

洽詢 ALPAGE

羅福德格里古起司也是飄散著南法香草香氣的山羊起司。Rove是一種山羊的品種，Garrigues則是意指地中海地區的乾燥石灰質地帶。

由於羅福德格里古起司所使用的原料奶，來自食用優質香草長大的山羊，所以獨特風味十分突出。全部來自農家製造，因此每一個丸子狀的起司在揉圓時會大小不一，山羊乳的脂肪含量也各不相同。初夏的產品格外具有濃烈的新鮮香草香氣，個性獨具。

採用產自邦翁村栗子葉包裹的起司

邦翁起司

Banon

過去邦翁起司會在不同季節使用不同原料乳來製作，春夏使用傳統的山羊乳，秋天則是使用綿羊乳，當然牛乳製的邦翁起司也不在少數。新鮮的邦翁起司為純白色，熟成後則會充滿濃醇風味，與紅酒相當對味。

以栗子葉包裹，再用拉菲亞樹（Raffia，酒椰）的纖維捆綁。
外觀

熟成時間較短時會具有奶香味與微微的酸味。熟成時間久會產生酒粕般的風味。
風味

可從起司中品嚐到微微的栗子葉香氣。
香氣

一年四季。利用春天至秋天所產之山羊乳製成的產品格外美味。
季節

DATA	
種類	柔軟（山羊）
產地	普羅旺斯－阿爾卑斯－蔚藍海岸大區
A.O.C年	2003年
原料乳	山羊乳（無殺菌乳）
熟成時間	最少15天
固體中乳脂肪含量	50%

洽詢 FROMAGE

邦翁起司的歷史悠久，最早於1270年的正式文書中便曾經登場過。普羅旺斯地區從前就會製作小型山羊起司，冬天會以栗子葉包裹起來儲藏，這也是邦翁起司的起源。

取得A.O.C認證，採用山羊乳製作而成，熟成時間較短時口感鬆軟，帶有微微的酸味與乳香味，熟成時間愈久質地愈柔軟，還會形成如同「酒粕」般的濃醇風味。與其他山羊起司一樣，在每個熟成階段皆可品嚐到不同風味。

召喚春天的地中海經典起司

布羅秋起司

Brocciu

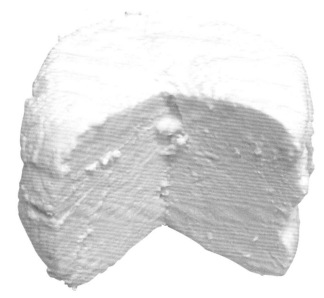

當地在食用時會撒上大量砂糖與渣釀白蘭地。布羅秋起司有未經熟成的「Frais」、以及熟成15天的「Passu」這二種類型。布羅秋起司首重新鮮度，購買後應趁新鮮享用，不要擺放過久。

 外觀 表面會有瀝水籠架留下的痕跡。如豆腐般潔白，質地柔軟。

 風味 帶有微微的甜味，口感略為入口即化。以綿羊乳的乳清（Whey）製成的產品尤其圓潤。

 香氣 新鮮的起司幾乎沒有香氣，但是吃進口中可感覺到微微的原料乳香氣。

 季節 1至6月可以品嚐得到。尤其在春天由綿羊乳製成的產品格外美味。

DATA	
種類	新鮮
產地	科西嘉大區
A.O.C年	1998年
原料乳	綿羊乳、山羊乳（乳清）
熟成時間	無。須經熟成的產品最少15天。
固體中乳脂肪含量	最低40%

協詢　ALPAGE

　　布羅秋起司的產地，是位於地中海的科西嘉島，原本為隸屬於義大利的領土，利用製作起司後剩餘的乳清所製成。將少量原料乳加入乳清後，一邊攪拌一邊加熱，再將飄浮至表面的塊狀物收集起來濾除水分，就成為新鮮的布羅秋起司。原本是農家人自己食用的食物，所以當地也少有機會可以購買得到新鮮的布羅秋起司。

　　這種別具意義的起司，還有一段有趣的遺聞軼事。諸傳拿坡崙皇帝就出身於這座科西嘉島，為滿足他的母親萊蒂西想吃布羅秋起司的願望，所以命人將山羊從科西嘉島帶至巴黎。由此可知，布羅秋起司最重視現做的新鮮度，新鮮的布羅秋起司具有微微的自然甜味，口感鬆軟。春天至秋天製造的產品多使用山羊乳作為原料乳，冬天至初夏的產品則使用了綿羊乳。

產自科西嘉島以香草點綴的起司

布藍德馬奇起司

Brin du Maquis

若能購得的話，會令人想用來搭配科西嘉島的清爽紅酒。夏天用來搭配充分冰涼後的辛味玫瑰紅酒或白酒也相當合宜。

 外觀 覆蓋著迷迭香、夏季香薄荷、刺柏等香草。內部呈現白色。

 風味 帶有綿羊乳特有的甜味與濃醇度。清新的香草風味十分入味。

 香氣 具有各式各樣的香草香氣，十分清爽。

 季節 在冬天至夏天之前可以製造出來。熟成2個月後為最佳賞味時機，但是新鮮的產品也很推薦。

DATA

種類	柔軟（綿羊）
產地	科西嘉大區
A.O.C年	無認證
原料乳	綿羊乳
熟成時間	—
固體中乳脂肪含量	45%

洽詢 FROMAGE

這是一款裹上香草，外觀別具一格的綿羊起司。其英文名Brin du Maquis為「灌木（科西嘉島的植物）萌芽」的意思，且正如其名，所使用的香草主要來自於科西嘉島。外部會撒滿大量迷迭香以及類似百里香的「夏季香薄荷」等香草，辣椒與刺柏則會給人奢華的感覺。最佳賞味時機須等到表面的香草完全乾燥之後。講究口感的人，不妨將香草去除後再食用。

如杏仁豆腐般滑順的綿羊起司

凱耶德布爾比起司

Caille de Brebis

除了直接品嚐外，加上蜂蜜或砂糖後也很美味。想當作點心來吃的話，最好放入冰箱完全冰涼後再食用。也可以加在燒烤羔羊肉上頭享用。

 外觀 類似優格。會以小分量包裝於紙盒或傳統陶器中。

 風味 帶有清爽的微微甜味，幾乎嚐不到酸味，風味沉穩。

 香氣 可感受到綿羊乳特有的微微香氣。

季節 僅於1月至9月綿羊榨乳的季節生產。

DATA

種類	新鮮
產地	亞奎丹大區
A.O.C年	無認證
原料乳	綿羊乳
熟成時間	無
固體中乳脂肪含量	—

洽詢 FROMAGE

Caille de Brebis意指「綿羊凝乳（curd）」，是一種將極少量酵素加入綿羊乳中，再將已凝固的凝乳舀出進行包裝的起司。

綿羊會在冬天至早春的寒冷季節生產，順產後開始用來哺育小羊的綿羊初乳營養價值相當高，風味與甜味都很飽滿。使用如此優質綿羊乳製作而成的起司，直接品嚐當然無比美味。凱耶德布爾比起司有季節限定，一旦尋獲就要馬上出手。

美國人偏好的 白黴起司
聖安德烈起司
Saint-Andre

聖安德烈起司富含奶油般的風味，塗抹在吐司上享用就非常美味。適合辛味的白酒，但與果香味的甜味白酒、紅酒也十分對味。和酸酸甜甜的水果一起吃也很好吃。

 外觀 覆蓋著厚厚一層鬆軟的白黴菌。內部為深奶油色。

 風味 帶有微微的酸味，也具有稍微強勁的鹹味。風味濃厚香醇，就像奶油一樣。

香氣 擁有沉穩的白黴菌特殊氣味。

季節 一年四季。進口後30天內為最佳賞味時機。

DATA	
種類	柔軟（白黴）
產地	亞奎丹大區 *照片中的起司為下諾曼第大區所生產
A.O.C年	無認證
原料乳	牛乳
熟成時間	—
固體中乳脂肪含量	75％

洽詢　ORDER-CHEESE

　　風味類似奶油的白黴起司。原本聖安德烈起司就是為了出口至美國，投其所好才會生產出來的起司，在美國也擁有相當高的人氣。

　　依照三倍乳脂起司製法，加入鮮奶油製作而成，脂肪含量高達75％。口感濃厚，風味飽滿，鹹味稍微明顯，這可能也是受歡迎的祕密所在。熟成時間較短時會有微微的酸味，但是熟成時間愈久酸味愈淡，風味轉為圓潤。

受太陽王公認， 奧文尼的簡樸起司
聖內克泰爾起司
Saint-Nectaire

由強勁乳香蘊釀而出的高山風味，適合搭配果香味的紅酒。擺在類似法式鄉村麵包（Pain de campagne）這種簡樸麵包上再稍微加熱，品嚐起來也很美味。

 外觀 表皮薄，覆蓋著白色、黃色、紅色的黴菌。內部有稀疏的小孔洞。

 風味 帶有會令人聯想到花生的澀味與香氣，也具有微微的酸味。

 香氣 具有如菇類般，麥稈特有的黴菌香氣。也有類似老醬菜的酸香味。

 季節 一年四季。夏天至秋天為當令時節。熟成4～6週的產品最受人歡迎。

DATA	
種類	非加熱壓榨（半硬質）
產地	奧文尼大區
A.O.C年	1955年
原料乳	牛乳
熟成時間	最少21天
固體中乳脂肪含量	最低45％

洽詢　ALPAGE

　　目前仍以農家製造的聖內克泰爾起司最受到支持，尤其是擺在麥稈上熟成的產品，非常獨樹一格，地位更是舉足輕重，就連行家也為之傾倒。分辨方式就靠起司表面上的casein標誌，綠色橢圓形代表為農家製造。

　　擁有超過千年的歷史，產地位在標高1000公尺的山腳下，並遵循傳統製法製作。十七世紀曾上貢給太陽王路易十四成為餐桌佳餚，自此一舉成名，成為相當受歡迎的佐餐起司。

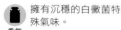

發源自生活智慧的辛香風味

加普隆起司

Gaperon

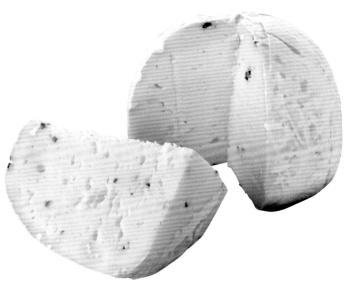

加普隆起司具有辛香風味，與啤酒非常對味。搭配葡萄酒時，則以酒體中等的紅酒為宜。變硬的加普隆起司也能刨碎撒在義大利麵上，非常美味。

 外觀 捆綁著黃色繩子的半球體。覆蓋著薄薄一層自然形成的白黴菌。內部有蒜頭和胡椒混雜其中。

 風味 具辛香風味，呈現半硬質起司般的口感，柔軟有彈性。雖不明顯，但也帶有奶香風味。

 香氣 具有蒜頭與胡椒香氣，令人食欲大開。也帶有一點點醬菜般的發酵臭味。

季節 一年四季。最佳賞味時機在進口後30天內。

DATA	
種類	柔軟（白黴）
產地	奧文尼大區
A.O.C年	無認證
原料乳	牛乳
熟成時間	1～2個月
固體中乳脂肪含量	30～45%

洽詢　FROMAGE

　「Gape」一名源自奧文尼大區的方言，有脫脂乳的意思。所謂的脫脂乳，就是從鮮奶油萃取出奶油後所剩餘的液體（脫脂乳）。過去這一帶生活貧苦嚴峻，為了不浪費寶貴糧食，而將牛乳與辛香料加入脫脂乳中增添風味，再製作出加普隆起司。現在因為使用了優質牛乳，所以也能品嚐到奶香溫和風味。

　此外加普隆起司還有一個特徵，會用黃色繩子捆綁起來突顯出白黴，這也是在保留過去吊在天花板下熟成時的特色。所以吊掛愈多加普隆起司，也是象徵這戶人家生活富裕的意思。據說結婚時男方的父親會視女方家吊掛的加普隆起司數量，再來商談陪嫁金的數字。

產自庇里牛斯山脈山腳下的A.O.C認證羊乳起司

歐娑・伊拉堤起司

Ossau-Iraty

聽說在當地除了會用來搭配油封料理外，也會搭配油封櫻桃或油封黑醋栗作為甜點享用。乳香風味也與生火腿或薄片冷盤相當對味，讓人想倒杯具果香味的輕盈紅酒一起品嚐。

外觀 表皮呈現稍微偏橘色的黃色。內部為奶油色，質地十分緊實。

風味 具有綿羊乳特有的醇厚度，以及榛果般的堅果風味，還帶有宛如蜂蜜般的高雅甜味。

香氣 有類似奶油般濃厚且帶酸味的香氣，也帶有微微的甜蜜果香味。

季節 一年四季。若為山間小屋製成的產品，則推薦選購已熟成一段時間，在初秋至冬天生產的產品為佳。

DATA	
種類	非加熱壓榨（半硬質）
產地	亞奎丹大區
A.O.C年	1980年
原料乳	綿羊乳
熟成時間	最少3個月（大型）
固體中乳脂肪含量	最低50%

諮詢 FROMAGE

　　位於法國與瑞士邊境處的庇里牛斯山脈，其山腳下的巴斯克自治區充滿不同於任何國家的獨特牧歌文化。

　　歐娑・伊拉堤起司一名源自巴斯克自治區的伊拉堤森林，以及位在伯恩地區的歐娑山谷，生長於此處的綿羊，充滿野性且體格健壯。過去山區居民利用當地綿羊乳所製成的山區綿羊起司，風味樸實雋永，統稱為「亞爾迪格斯那起司（Ardigasna，為巴斯克語，有綿羊乳製成的起司之意）」。因此當地至今仍以「綿羊起司」、「山中起司」來稱呼。

　　目前A.O.C規定，綿羊乳只能從三種傳統綿羊身上取得。每年有超過30萬頭綿羊被放牧在庇里牛斯山上，採用這些綿羊乳所製成的起司，經外觀、香氣、口感、風味等檢測後，才能成為真正的歐娑・伊拉堤起司。

　　具有溫和香甜風味，嚼咀愈久風味愈明顯。

由法國頂級專家製作
冠以皇帝之名的起司
拿破崙起司
Napoleon

原料乳來自在豐沛大自然中無拘無束成長的綿羊。屬於半硬質起司，可品嚐到強勁且溫和的乳香風味。

🧀 **外觀** 覆蓋著堅硬的表皮。內部為奶油色，十分細緻。

🍴 **風味** 口感濕潤且帶有甜味，可品嚐到綿羊乳特有的野性風味。

🍶 **香氣** 具有發酵奶油般的香氣，也有奶香兼具蜂蜜般的甜蜜香氣。

🌸 **季節** 只限於綿羊榨乳期得以製造出來，大約在9月至3月底左右。

DATA	
種類	非加熱壓榨（半硬質）
產地	南部－庇里斯大區
A.O.C年	無認證
原料乳	綿羊乳
熟成時間	10～12個月
固體中乳脂肪含量	50%

洽詢 起司王國

　　誕生於庇里牛斯山脈山腳下的蒙特里奧村，由綿羊乳製成的多姆（Tomme，意指起司）。在2011年經獲頒M.O.F（法國最佳工藝獎，Meilleur Ouvrier de France）的起司專家——多明尼克·布奇（Dominique Bouchet）之手被研發出來。

　　最高品質的原料乳，來自於生活在大自然中無拘無束成長的綿羊。綿羊乳獨特的香甜乳香風味，與黑櫻桃果醬相當合拍。拿破崙起司的名稱，源自可眺望熟成庫的「拿破崙的鼻子（Nez de Napoleon）」這座山名。

產自巴斯克自治區
亞格爾公司的首席產品
普堤亞格爾起司
Petit Agour

香氣明顯，所以建議大家切成薄片享用。如同瑞士的硬質起司僧侶頭起司（Tête de Moine ➡ p.128）一樣，可用Girolle刨成花瓣狀，更具視覺效果。

🧀 **外觀** 圓筒型。表皮為咖啡色。內部為淡黃色，質地細緻且緊實。

🍴 **風味** 可品嚐到飽滿的甜味，且具有圓潤的濃醇風味。

🍶 **香氣** 可感受到如同奶油般的奶香氣息。

🌸 **季節** 一年四季。

DATA	
種類	非加熱壓榨（半硬質）
產地	亞奎丹大區
A.O.C年	無認證
原料乳	綿羊乳
熟成時間	－
固體中乳脂肪含量	50%

　　由亞格爾公司遵循傳統製法製作而成的首席綿羊起司產品。產自巴斯克自治區的普堤亞格爾起司，曾在2002年於巴黎舉行的農業模範市中榮獲首獎，所以普堤亞格爾起司的美味等同獲背書保證。

　　使用Girolle這種工具來刨削普堤亞格爾起司，可使外觀賞心悅目，而且口感還會更加入口即化，更能突顯出綿羊乳的圓潤風味。另外還有使用同樣產自巴斯克自治區的特產辣椒，塗在起司表面使之熟成的產品。

奧文尼引以為傲，法國最古老的特大起司之一

康塔爾起司

Cantal

有各式各樣的類型，熟成時間從1個多月至6個月不等。由熟成時間短的產品依序排列，分別稱作Jeune、Entre-Deux、Vieux。

外觀 表皮乾燥，會從灰白色逐漸轉變成橘色，呈現凹凸不平的狀態。

風味 具有堅果般的風味。熟成時間愈久，風味會變得愈發強烈。

香氣 具有柔順濃厚的奶香味，也帶有些許如同果實般的香氣。

季節 一年四季。每個熟成階段都可以品嚐到不同風味。

DATA	
種類	非加熱壓榨（半硬質）
產地	奧文尼大區
A.O.C年	1956年
原料乳	牛乳
熟成時間	最少30天
固體中乳脂肪含量	最低45%

洽詢 ORDER-CHEESE

產自奧文尼大區，重達40公斤的重量級起司。與羅克福起司（Roquefort）一樣，擁有兩千年以上的歷史。與特拉普德須爾拿科起司（Trappe d'Echourgnac ➡ p.97）和沙蕾爾起司（Salers）極為相似，在這三兄弟當中，以康塔爾起司出貨量最大，在法國全國起司出貨量排行榜中也是名列前茅。

康塔爾起司會依照不同大小而有三種稱呼方式，分別如下所述：直徑36～42公分，高35～40公分，重35～45公斤的稱作「佛姆・德・康塔爾起司（Fourme de Canta）」；直徑26～28公分，重15～20公斤的稱作「迷你康塔爾起司（Petit Cantal）」；直徑20～22公分，重8～10公斤的稱作「康塔雷起司（Cantalet）」。

康塔爾起司外觀如同石磨般凹凸不平，但風味溫和，具有果實般的樸實味道。在不同的熟成時間會出現不同的風味變化，因此喜好康塔爾起司（Cantal）的人都有各自偏好的熟成階段，請大家一定要多方品嚐比較一下。

奧布拉克高原上的夢幻起司
拉吉奧爾起司
Laguiole

1950年代拉吉奧爾起司曾面臨存續危機，每年生產量跌落至25噸。為守護這種傳統起司，於1960年成立「山間青年共同協會」，隔年取得A.O.C認證後解除滅絕危機。

外觀 表皮乾燥，如石磨般凹凸不平，並標有紅色的公牛圖案。

風味 具有獨樹一格的飽滿濃重風味。可品嚐到簡樸的醇厚鮮味。

香氣 具有堅果般的香氣。有時會令人聯想到老醬菜的味道。

季節 從初秋開始就可以品嚐得到。會在5～10月的高山放牧期間製造出來，從秋天至冬天進行熟成。

DATA	
種類	非加熱壓榨（半硬質）
產地	奧文尼大區
A.O.C年	1961年
原料乳	牛乳
熟成時間	最少4個月
固體中乳脂肪含量	最低45%

洽詢 ALPAGE

　　拉吉奧爾起司可說是法國最古老的起司之一，和康塔爾起司（Cantal ➡ p.96）是屬於同一個年代的產物，推估自羅馬時代便開始被製造出來。拉吉奧爾起司在三個同類型起司當中產量最為稀少，珍貴，被視為夢幻起司。

　　將馬鈴薯泥與起司攪拌成團料理而成的「起士馬鈴薯泥（Aligot）」，就是利用拉吉奧爾起司製作而成的魯埃格地區鄉土料理。據說最傳統的做法是使用拉吉奧爾起司壓榨前的凝乳（新鮮的多姆）所製成。

散發奶香芳醇的利口酒香氣
特拉普
德須爾拿科起司
Trappe d'Echourgnac

可與香甜醇厚的波特紅酒（Port Wine）搭配，此外與具煙燻香氣的黑啤酒或威士忌也很對味。除了酒類之外，也建議與紅茶一起享用。

外觀 深咖啡色表皮。內部質地細緻緊實。

風味 具有如同果實般的芳香風味。口感紮實，沒有特殊氣味。

香氣 帶有來自核桃利口酒如同焦糖般的香甜氣息。

季節 產量少，因此在日本僅於限定季節才會進貨，大部分須等到秋天左右才品嚐得到。

DATA	
種類	非加熱壓榨（洗皮）
產地	亞奎丹大區
A.O.C年	無認證
原料乳	牛乳
熟成時間	3週
固體中乳脂肪含量	45%

洽詢 起司王國

　　這種洗皮起司，是在1990年於多爾多涅省的女修道院被研發出來，其創作靈感來自於十九世紀末該修道院所生產的起司。

　　具有重量感的外觀也是其特色之一，但是最突出之處還是在於起司本身的優雅香氣，而香氣便來自洗浸時所使用的核桃利口酒。佩里戈爾地區是法國知名的核桃產地，品質極佳，所以也算是富含地區特色的起司。

義大利

L' Italia

多彩多姿的起司文化，
囊括西元前一千年的古老起司，
與時下最流行的熱門起司。

一提到義大利料理，起司是不可或缺的食材。比薩要用馬札瑞拉起司（Mozzarella），義大利麵要加帕馬森起司（Parmigiano Reggiano），提拉米蘇需要馬斯卡彭起司（Mascarpone），都是大家耳熟能詳的種類。無論做料理或甜點，最常運用到起司的國度，其實就是義大利，而且種類相當豐富，數量據說更高達400至600種。

義大利起司歷史最早可回溯至西元前一千年左右。記錄上曾記載，在羅馬帝國時代每天會隨著麵粉等配給品，發放20公克左右的起司給士兵作為糧食，推測當時配給的可能是用綿羊乳所製作的「佩科里諾羅馬諾起司（Pecorino Romano）」。

羅馬帝國時代習慣沿襲自希臘傳承而來的綿羊乳起司製法，等到牛隻自北部引進後，才形成現代這樣豐富且多樣化的起司文化。

品質管理受到EU規範的原產地名稱保護制度「D.O.P（Denominazione d'Origine Prottetta）」管控，受D.O.P認證的起司，統一規定須打上D.O.P共同標章才得以於市面上流通，後來獲得市場極高評價。

近年來就連在畜牧業歷史悠久的義大利，酪農與生產者也相繼減少，但是透過這種D.O.P共同標章守護小規模生產傳統起司的活動，卻愈來愈盛行。

＊1996年6月以前，義大利擁有獨自的D.O.C「Denominazinoe di OrigineControllate（法定產地稱呼）認證制度。義大利擁有眾多的起司保護協會，各團體會分別向EU提出申請，因此義大利D.O.P起司有些並未獲得D.O.C認證。

義大利各區生產地圖
L'Italia/Nord
AREA MAP

義大利 北部
各地最具代表性的起司

塔雷吉歐起司
（Taleggio ➡ p.106）
古時候被稱作「斯多拉奇諾起司
（Stracchino，為義大利文累了
的意思）」。在山區依循古老製
法的產品，更是別有一番風味。

蒙他西歐起司
（Montasio ➡ p.108）
產地為鄰近奧地利與斯洛維尼
亞邊境的地區。由住在蒙他西
歐山與鄰近地區的居民導入並
推廣開來的起司。

Trentino
Alto Adige
特倫蒂諾—上阿迪傑

弗留利—威尼斯—朱利亞
Friuli-Venezia
Giulia

瓦萊達奧斯塔
Valle d'Aosta

米蘭
Milano

倫巴第
Lombardia

威尼托
Veneto

威亞葦河
Pianura padana

威尼斯
Venezia

杜林
Torino

皮埃蒙特
Piemonte

波河
Fiume Po

亞得里亞海
Mar Adriatico

Liguria
利古里亞

Emilia-Romagna
艾米利亞—羅馬涅

利古里亞海
Mare Ligure

卡斯泰爾馬尼奧起司
（Castelmagno ➡ p.111）
具有會令人聯想到熟壽司
的獨特風味。製作時會將
剛形成的凝乳倒入壺中發
酵，製法相當獨特。被視
為義大利國內最高級的起
司，十分珍貴。

帕馬森起司
（Parmigiano Reggiano ➡ p.107）
號稱義大利起司之王的硬質起
司。可品嚐到長時間熟成後所
形成的顆粒感，以及濃縮後的
氨基酸口感。

由三種不同風土蘊釀而出 極具特色的起司

　　義大利北部擁有三大地區，包括群山連綿廣大的阿爾卑斯山脈山岳地區，還有山腳下的山麓地區，以及波河流域一望無際的伯達納平原。

　　冬季在大雪覆蓋下的山岳地區，會製作傳統的芳提娜起司（Fontina），這類的大型起司屬於保存性佳的「山區起司」。

　　在山麓地區大多會製作名為「斯多拉奇諾起司（Stracchino）」，由牛乳製成的柔軟起司，最具代表性的就是古岡左拉起司（Gorgonzola）以及塔雷吉歐起司（Taleggio）。

　　此外還有自古便持續進行土地開發的伯達納平原，而且這個地區的起司產量幾乎佔義大利國內極大比例。

倫巴第大區 Lombardia

擁有義大利最多人口數的大區，一望無際的伯達納平原位在波河流域上。起司多產自工廠，例如傳統的「古岡左拉起司（Gorgonzola）」、「塔雷吉歐起司（Taleggio）」、「馬斯卡彭起司（Mascarpone）」等柔軟起司。

皮埃蒙特大區 Piemonte

遍布在阿爾卑斯山脈西南山麓的大區，省都為杜林，特產品為葡萄酒及松露。生產硬質的「布拉起司（Bra）」、柔軟的「盧比歐拉起司（Robiola）」等等，起司種類十分多樣化。

特倫蒂諾－上阿迪傑自治區 Trentino Alto Adige

義大利最北端的自治區。利用萃取完奶油所剩的脫脂乳，生產阿爾卑斯最古老的其中一種起司。直至第一次世界大戰前，仍屬於奧地利帝國的領土。

瓦萊達奧斯塔大區 Valle d'aosta

位於阿爾卑斯山上的大區。生產具有花香與蜂蜜甜味的「山區起司」。屬於鄰近法國、瑞士邊境的法語圈。

利古里亞大區 Liguria

雖位處北義大利，但此地終年為溫暖的地中海型氣候。缺乏傳統的當地起司，就連特產品熱那亞醬也使用了帕馬森起司（Parmigiano Reggiano）。

艾米利亞－羅馬涅大區 Emilia－Romagna

位於波河南部，義大利半島的根部。生產許多義大利代表性食品，例如「帕馬森起司（Parmigiano Reggiano）」、「巴薩米克醋Balsamico」、「帕爾馬火腿（Parma ham）」，也是汽車產業重鎮。

威尼托政區 Veneto

水都威尼斯所在的政區，擁有無數的D.O.P起司。2010年經D.O.P認證的「皮亞韋起司（Piave）」便產自位於皮亞韋河流域的貝盧諾市。

弗留利－威尼斯－朱利亞自治區 Friuli－Venezia Giulia

隔著大海與高山，與奧地利及斯洛維尼亞邊境為鄰的自治區。也是擁有高山起司風味，鬆軟香甜的「蒙他西歐起司（Montasio）」之原產地。

藍黴量多的
正統古岡左拉起司
古岡左拉皮坎堤起司
Gorgonzola Piccante

直徑30公分左右的圓柱型
起司，在日本一般會分裝
成小包裝進行販售。古岡
左拉起司的名稱來自第一
次製造出這款起司的古岡
左拉村。

外觀 表皮粗糙呈紅褐色。
內部為奶油色，且整
塊起司布滿青綠色的
紋路。

風味 風味濃厚且帶有刺激
性的鹹辣味，也帶有
些許果實般的甜味。

香氣 香氣強勁。具有直竄
鼻腔的藍黴起司獨特
氣味，會使人聯想到
樹脂或泥土的香氣。

季節 一年四季。

DATA

種類	藍黴
產地	倫巴第大區
D.O.C年	1955年
原料乳	牛乳（殺菌乳）
熟成時間	最少2～3個月
固體中乳脂肪含量	48%

咨詢 ORDER-CHEESE

　　世界三大藍黴起司之一，擁有千年的歷
史，共有辛味的「皮坎堤起司（Pic-cante）」與
甜味的「多爾切起司（Dolce）」兩種。在日
本若提到古岡左拉起司，多意指多爾切起司
（Dolce），但是藍黴量多且風味強勁的皮坎
堤起司（Piccante），才是傳統的古岡左拉起
司。

　　除了作為義大利麵或燉飯的醬汁，也能搭
配酒體飽滿的紅酒直接享用，十分美味。

日本人最鐘愛的
藍黴起司
古岡左拉多爾切起司
Gorgonzola Dolce

與皮坎堤起司（Piccante）
一樣，皆為直徑約30公分
的圓柱型起司，分裝成小
包裝進行販售。一看外觀
就會知道藍黴含量較皮坎
堤起司少。

外觀 表皮粗糙呈現偏紅的
咖啡色。藍黴量較皮
坎堤起司少，質地滑
順。

風味 芳醇的甜味中，可品
嚐到藍黴起司適度的
刺激性辛辣風味。

香氣 藍黴起司特有的香氣
較不明顯。

季節 一年四季皆有流通販
售。

DATA

種類	藍黴
產地	倫巴第大區
D.O.C年	1955年
原料乳	牛乳（殺菌乳）
熟成時間	最少2～3個月
固體中乳脂肪含量	48%

咨詢 ORDER-CHEESE

　　整體看起來富有藍黴起司的特色，風味香
甜溫潤，口感滑順入口即化，對日本人而言並
不陌生。

　　不同於皮坎堤起司（Piccante）歷史悠
久，多爾切起司（Dolce）於戰後才被製造出
來，但在產地義大利市場中，現在卻以多爾切
起司為主流。而且生產量更高達古岡左拉起司
整體的九成。除了用作料理，擺在洋梨上或是
淋上蜂蜜當作甜點，也十分吸引人大快朵頤。

一次飽嚐兩種美味的
貪心起司

古岡左拉馬斯卡彭起司
Gorgonzola Mascarpone

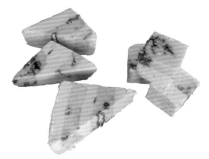

乳白色的馬斯卡彭起司
（Mascarpone）與大理
石花紋的古岡左拉起司
（Gorgonzola）層層堆
疊，外觀也極盡奢華，大
多會分切盒裝進行販售。

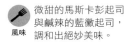

外觀 馬斯卡彭起司與古岡
左拉起司交錯堆疊。

風味 微甜的馬斯卡彭起司
與鹹辣的藍黴起司，
調和出絕妙美味。

香氣 微微散發出源自古岡
左拉起司的藍黴香
氣。

季節 一年四季。待古岡左
拉起司的藍黴菌轉變
成美麗的青綠色後即
可食用。

DATA	
種類	藍黴／新鮮
產地	倫巴第大區
D.O.C年	無認證
原料乳	牛乳（殺菌乳）
熟成時間	—
固體中乳脂肪含量	60%

洽詢 起司王國

　　古岡左拉起司（Gorgonzola）與馬斯卡
彭起司（Mascarpone ➡ p.104）是義大利具
代表性的起司，將兩種美味一網打盡的起司，
就是古岡左拉馬斯卡彭起司。在風味類似打發
鮮奶油的馬斯卡彭起司當中，尖銳的古岡左拉
起司藍黴風味濃淡合宜地點綴其中。

　　古岡左拉馬斯卡彭起司的藍黴特殊風味較
為溫潤，過去對藍黴起司敬而遠之的人，不妨
也可嘗試看看。用途廣泛，可作為前菜，也能
用作料理或點心食材。

如蔓越莓般的
微醺起司

'61藍黴起司
Blue'61

身兼經營者與熟成師的公
司創辦人，兩夫妻為慶祝
結婚50周年創造出來的慶
祝起司，豪華外觀完美詮
釋了50周年這個別具意義
的日子。'61藍黴起司就像
蛋糕，也會整顆販售。

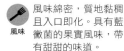

外觀 外皮被浸染成酒紅
色。如同蛋糕般，上
頭擺滿了蔓越莓乾。

風味 風味綿密，質地黏稠
且入口即化。具有藍
黴菌的果實風味，帶
有甜甜的味道。

香氣 增添了紅酒香氣，感
覺十分奢華，藍黴菌
的香氣較為內斂。

季節 一年四季。

DATA	
種類	藍黴
產地	威尼斯大區
D.O.C年	無認證
原料乳	牛乳
熟成時間	3個月
固體中乳脂肪含量	—

洽詢 起司王國

　　位在義大利東北部威尼托大區的Gazeria
公司，其創辦人為慶祝自己在1961年的金婚
紀念日而創造出來的起司。屬於「微醺起司」
的一種，利用同樣產自威尼托大區的「拉波素
（Raboso）」甜酒（Passito，將葡萄風乾提
高甜度的酒）醃漬而成。

　　須熟成至質地呈現厚重黏稠感為止，也富
含藍黴起司的鮮醇味。可品嚐到果實與藍黴獨
樹一格的天作之合。

迎合義式濃縮咖啡苦味的高尚風味

馬斯卡彭起司
Mascarpone

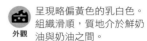
外觀 呈現略偏黃色的乳白色。組織滑順，質地介於鮮奶油與奶油之間。

風味 具有濃醇度與甜味，但是沒有鹹味、酸味與特殊氣味。與咖啡或巧克力的苦味十分合拍。

香氣 幾乎沒有香氣，但是帶有微微的溫和牛乳氣息。

季節 一年四季。屬於新鮮起司，須趁新鮮盡早享用。

DATA	
種類	新鮮
產地	倫巴第大區以外的地區
D.O.C年	無認證
原料乳	牛乳
熟成時間	—
固體中乳脂肪含量	最低60％

洽詢　CHESCO

於店內陳列販售的產品，通常以250或500公克的杯裝產品為主。使用馬斯卡彭起司製作而成的「提拉米蘇」甜點雖然名聞遐邇，但是直接塗抹在麵包上享用也十分美味。乳脂肪含量高達60～90％，須注意避免食用過量。

　　馬斯卡彭起司是在牛乳裡頭添加鮮奶油製作而成，屬於乳脂肪含量高的新鮮起司，口感類似打發的鮮奶油，微微的甜味為其一大特色。

　　與咖啡、巧克力、白蘭地等食材相當對味，除了提拉米蘇，也常被當拿來製作甜點。加入義大利麵或肉類料理的醬汁中，可使風味更有深度，因此也很建議使用於料理當中。

　　過去是北義大利倫巴第大區，秋天至冬天之間生產的名產。在提拉米蘇風潮帶領下一舉成名，廣為人知，自此在北義大利大範圍量產。順帶一提，早在提拉米蘇風潮更早之前，西班牙總督造訪倫巴第大區品嚐到馬斯卡彭起司後，便曾用西班牙語大聲稱讚「絕品（mas que bueno）」，據說這就是馬斯卡彭起司（Mascarpone）名稱的由來。

每個熟成階段風味各異，
三種原料乳風味交融的起司

拉杜爾起司

La Tur

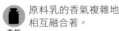

熟成後會有稀軟如液狀的
綿密風味，須用湯匙舀起
來食用。尺寸約為直徑8公
分左右，以杯裝或塑膠袋
真空包裝販售。

		DATA	
外觀	表皮自然柔軟，呈現乳白色。熟成時間較短時內部質地鬆軟。	種類 新鮮	
風味	具有源自山羊乳的清爽酸味。隨著熟成時間愈久，醇厚度與綿密度就會增加。	產地 皮埃蒙特地區 D.O.C年 無認證 原料乳 混乳（牛乳、山羊乳、綿羊乳）	
香氣	原料乳的香氣複雜地相互融合著。	熟成時間 3～5週	
季節	一年四季。熟成約1個月後，等牛乳的濃醇風味散發出來時，就是最佳賞味時機。	固體中乳脂肪含量 不一定	

洽詢　NIPPON MYCELLA

　　利用牛乳、山羊乳、綿羊乳這三種原料乳
製作而成的新鮮起司，熟成時間較短時可品嚐
到山羊乳清爽的酸味，隨著熟成時間愈久，牛
乳的奶香味與綿羊乳的甜蜜濃醇風味就會愈發
強烈，是款相當有趣的起司。原料乳比例會隨
季節作變動與調整，使風味不會受到太大影
響。與蘋果酒及小麥啤酒等帶有甜味的發泡性
酒類相當對味。配上果醬或蜂蜜後，也能搭配
紅茶一起享用。

經時間淬鍊成紅寶石色
北義大利的傳統起司

盧比歐拉起司

Robiola

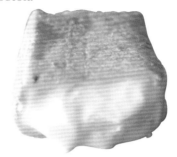

自古在北義大利就屬於日
常會製作小型起司，每個
約250至400公克左右，整
顆販售。也有用無花果葉
片包裹起來熟成的產品。

		DATA	
外觀	表皮經長時間熟成後會轉為紅色。內部質地豐盈且綿密。	種類 柔軟（其他）	
風味	具有微微的酸味、溫和的乳香風味。熟成後味道會轉為內斂，也會具有辛辣味。	產地 皮埃蒙特大區 ＊照片中的起司為倫巴第大區所生產 D.O.C年 無認證 原料乳 混乳（牛乳、山羊乳、綿羊乳）	
香氣	帶有綿密且細緻的乳香味。	熟成時間 最少3天	
季節	一年四季。春天至晚秋的產品最為美味，熟成20～30天左右為最佳賞味時機。	固體中乳脂肪含量 最低45%	

洽詢　CHEESE HONEY

　　歷史悠久的起司，在古羅馬時代被稱作
「魯貝歐拉起司（rubeola）」、「魯貝爾起司
（ruber）」。Robi是紅色的意思，熟成時間愈
久，表皮就會轉變成偏紅的顏色，因而由此命
名。無論熟成時間長短，都很適合作為佐餐起
司。也推薦大家淋上芥末水果（Mostarda，
用芥末風味糖漿醃漬的水果）、辣椒、橄欖油
來增添風味，再搭配上酒體飽滿的紅酒享用。

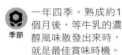

沉穩溫潤的洗皮起司

塔雷吉歐起司

Taleggio

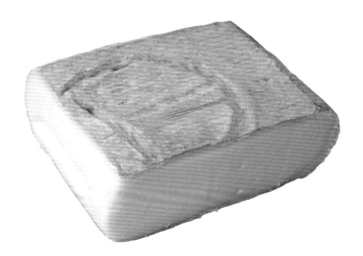

每邊長20公分左右的正方型，並帶有印痕，以分切狀態於店面販售。下刀切割時質地黏稠且會沾黏，代表已經完全熟成。

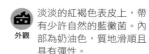 **外觀** 淡淡的紅褐色表皮上，帶有少許自然的藍黴菌。內部為奶油色，質地滑順且具有彈性。

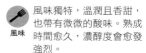 **風味** 風味獨特，溫潤且香甜，也帶有微微的酸味。熟成時間愈久，濃醇度會愈發強烈。

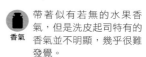 **香氣** 帶著似有若無的水果香氣，但是洗皮起司特有的香氣並不明顯，幾乎很難發覺。

季節 一年四季。當令時節為春天至秋天。熟成1個半月～2個月為最佳賞味時機。

DATA	
種類	柔軟（洗皮）
產地	倫巴第大區
D.O.C年	1988年
原料乳	牛乳
熟成時間	最少40天
固體中乳脂肪含量	最低48%

洽詢 世界起司商會

　　塔雷吉歐起司取名自產地倫巴第大區的塔雷吉歐溪谷。原本是為了躲避嚴冬，將放牧在阿爾卑斯山麓的牛隻遷至村莊，在半路上製作出來的起司，所以在當時被稱作「斯多拉奇諾起司（Stracchino，有累了的意思）」。

　　塔雷吉歐起司傳統製法的特徵，就是用手工將鹽搓揉進起司中，再置於洞穴中利用山風吹撫加以熟成。熟成期間也會不斷用手將附著在表面的藍黴菌抹掉，再用鹽水清洗。

　　目前在市面上流通的產品，多產自伯達納平原的工廠。但在山區依循傳統製作而成的塔雷吉歐起司，更是別有一番風味，被稱作「山間風味」，與在平原生產的產品作區別。

　　雖為洗皮起司，但風味沉穩溫和，除了可用麵包夾著蔬菜、火腿、塔雷吉歐起司做成帕尼尼（義大利風味的三明治）之外，還能加上果醬作為甜點，品嚐方式千變萬化。

代表義大利超硬質起司的首選

帕馬森起司

Parmigiano Reggiano

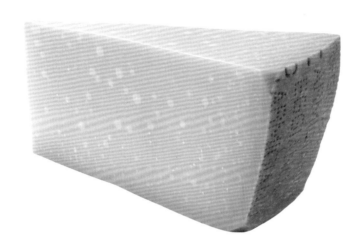

在日本一般會分切成塊進行販售。最近以36個月，或是花更長時間熟成，且限定產地與牛隻品種的進口產品最受人矚目。

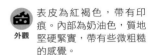
外觀 表皮為紅褐色，帶有印痕。內部為奶油色，質地堅硬緊實，帶有些微粗糙的感覺。

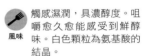
風味 觸感濕潤，具濃醇度。咀嚼愈久愈能感受到鮮醇味。白色顆粒為氨基酸的結晶。

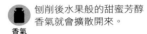
香氣 刨削後水果般的甜蜜芳醇香氣就會擴散開來。

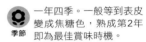
季節 一年四季。一般等到表皮變成焦糖色，熟成第2年即為最佳賞味時機。

DATA	
種類	加熱壓榨（硬質）
產地	艾米利亞－羅馬涅地區
D.O.C年	1955年
原料乳	牛乳（無殺菌乳）
熟成時間	最少1年以上
固體中乳脂肪含量	最低32%

洽詢 世界起司商會

　　號稱義大利起司之王的帕馬森起司，產地主要侷限於義大利北部的艾米利亞－羅馬涅地區，屬於超硬質的頂級起司。

　　先將傍晚榨取的牛乳靜置一晚後，把濾除部分脂肪的脫脂乳，混合隔天早上現榨的全脂牛乳製作而成。市場上常見的產品，為熟成24～36個月的帕馬森起司，呈現飽滿的太鼓造型，重量超過30公斤，顯露出道道地地的王者風範。

　　大家熟知的帕馬森起司粉，製作時就是參考了帕馬森起司。為了將帕馬森起司與其他的超硬質起司作出明顯區別，制定出帕馬森起司「1天只能製作1次，熟成時間最少1年」的標準製程，進行嚴格的品質管控。帕馬森起司大多會刨成薄片或是磨成粉狀，用來為料理增添風味，但是也可以直接分切成塊，縱情地大口咬著品嚐，享受濃縮後的鮮醇味與甜味。

最適合日常使用
刨成碎屑的硬質起司

格拉娜・帕達諾起司
Grana Padano

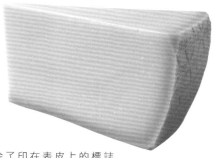

除了印在表皮上的標誌外，外觀與帕馬森起司如出一轍。在日本一般會分切販售，但是也有愈來愈多店家提供整塊的產品。

 外觀 表皮厚，呈現茶褐色，且帶有印痕。內部為淡黃色，容易刨成碎屑。

 風味 口感粗糙。濃厚度與鮮醇味恰到好處，風味濕潤溫和。

 香氣 具有如同發酵奶油般的香氣。熟成時間愈久，乾草般的香味也會愈發強烈。

季節 一年四季。熟成15～18個月為最佳賞味時機。

DATA
種類
加熱壓榨（硬質）
產地
倫巴第大區等地
D.O.C年
1955年
原料乳
牛乳（無殺菌乳）
熟成時間
最少9個月
固體中乳脂肪含量
最低32%

洽詢　世界起司商會

在伯達納平原廣大範圍區域所製作的起司。所謂的「Grana」就是「顆粒狀」的意思，意指組織格外容易刨碎的硬質起司。格拉娜・帕達諾起司與帕馬森起司十分類似，但是格拉娜・帕達諾起司在家庭中的使用比例卻高出許多。最大的差異為1天可生產2次，熟成期間也較短，最少9個月即可。相對的風味較淡，價格便宜，適合日常使用。在義大利被稱為「廚房之夫」，家家必備。

修道士引進的
山區起司

蒙他西歐起司
Montasio

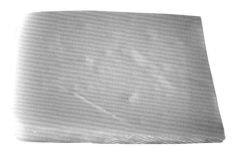

直徑30～40公分的圓盤型，在日本幾乎都會分切成塊販售。1773年，由當時的省都烏迪內統一管控價格與產量，即便十九世紀改由酪農共同經營，仍承繼這種經營方式至今。

 外觀 表皮為偏黃色的麥稈色。熟成時間愈久，就會轉變成茶褐色。內部為淡黃色。

 風味 咀嚼愈久風味愈濃厚。熟成時間久的產品可以品嚐到甜味。

 香氣 熟成時間愈久，愈會顯現出如同鳳梨般的獨特香氣。

 季節 一年四季。最佳賞味時間為2～18個月，每個熟成階段都可以品嚐到不同的風味。

DATA
種類
加熱壓榨（硬質）
產地
弗留利－威尼斯－朱利亞自治區
＊照片中的起司為威尼托政區所生產
D.O.C年
1986年
原料乳
牛乳
熟成時間
最少2～4個月、1年
固體中乳脂肪含量
最低40%

洽詢　ALPAGE、
CHEESE HONEY

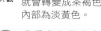

產地位在義大利北方，與奧地利、斯洛維尼亞邊境相鄰的弗留利－威尼斯－朱利亞自治區。十三世紀中葉由莫吉歐修道院的修道士製作而成，後來傳授給居住在蒙他西歐山與鄰近地區的居民後，才開始推廣開來。

熟成2個月後即可享用，熟成1、2年的風味則會加劇。熟成時間較短的可以作為前菜，熟成時間較久的則建議磨碎作為調味料使用。

類型迥異的兩種起司
阿夏戈起司
Asiago

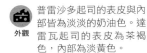

外觀	普雷沙多起司的表皮與內部皆為淡淡的奶油色。達雷瓦起司的表皮為茶褐色，內部為淡黃色。
風味	普雷沙多起司具有微微的酸味與甜味，但是沒有特殊氣味。達雷瓦起司的特色則在於深邃的濃厚度與鮮醇度。
香氣	具有溫和的乳香味。使用無殺菌乳製作的達雷瓦起司則具有濃厚的香氣。
季節	一年四季。普雷沙多起司的最佳嚐味時機在夏天至秋天，達雷瓦起司則是在秋天至春天。

上圖為普雷沙多起司（Pressato），下圖為達雷瓦起司（d'Allevo）。雖同為阿夏戈起司（Asiago），但風味與製造方法各異。兩種規格皆為直徑30～40公分的圓盤型，一般會分切成塊進行販售。

DATA	
種類	半加熱壓榨（半硬質）
產地	威尼斯政區
D.O.C年	1978年
原料乳	牛乳（達雷瓦起司為無殺菌乳）
熟成時間	20～40天（普雷沙多起司）3～24個月（達雷瓦起司）
固體中乳脂肪含量	最低44%（普雷沙多起司）最低34%（達雷瓦起司）

諮詢　ALPAGE

阿夏戈起司的故鄉位在威尼斯北部，標高1000公尺高山山腳下的阿夏戈村。原本使用綿羊乳製成，被稱作「維琴察的佩克里諾起司（Vicenza Pecorino）」，自從阿夏戈高原開始飼養牛隻後，便以牛乳作為主要的原料乳。

現在的阿夏戈起司共有兩種類型，製造方法與風味各不相同，分別稱作「阿夏戈達雷瓦起司（Asiago d'Allevo）」與「阿夏戈普雷沙多起司（Asiago Pressato）」，但是前者才是原始風味，屬於完全熟成後，咀嚼愈久愈能感受到鮮醇味，風味濃郁的起司。以農家製造的產品為主，產量稀少，因此很難取得，在當地也是人氣鼎盛。

另外普雷沙多起司（Pressato）熟成時間短，相對風味較為溫和，且流通量大，價格宜人，方便家庭日常使用。

浸泡於葡萄酒渣中的「微醺起司」
烏布里亞可起司
Ubriaco

浸泡的紅酒不同名稱就會不同，例如會叫作「烏布里亞可亞馬羅那起司」、「烏布里亞可普羅塞克起司」等等。照片中為白酒浸泡的烏布里亞可起司（Ubriaco）。

 外觀 表皮會被浸泡的紅酒染色，還會沾上些許葡萄酒渣。

 風味 起司與葡萄酒相輔相乘下，可營造出濃厚的果實風味。

 香氣 具有如蘋果般，清爽的白酒香氣。

 季節 一年四季。冬天至春天為最美味的季節

DATA	
種類	半加熱壓榨（半硬質起司）
產地	威尼斯政區
D.O.C年	無認證
原料乳	牛乳
熟成時間	—
固體中乳脂肪含量	不一定

洽詢 CHEESE HONEY

　　產地位在義大利東北部威尼斯政區的「微醺起司」。將威尼斯當地生產的「阿夏戈起司（Asiago）➡ p.109」，浸泡在同樣產自威尼斯的葡萄酒與酒渣混合物中加以熟成。

　　大致上可區分成紅酒浸泡與白酒浸泡的產品，熟成後的起司其外觀、香氣、風味皆各不相同，每種起司都會吸收到葡萄酒的香氣，可品嚐到複雜的風味。

新鮮牛乳的香甜與濃厚風味營造出纏綿的後味
格蘭蒙特歐起司
Gran Monteo

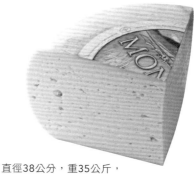

直徑38公分，重35公斤，呈現偏大的太鼓型。在日本一般都會分切成塊進行販售。

外觀 自然形成一層薄薄的表皮。內部為類似牛乳的白色，具有不規則的孔洞。

風味 可品嚐到新鮮的牛乳甜味，且具有濃厚溫潤的風味。

香氣 具果香味，也帶有奶香味。

 季節 一年四季。熟成時間無須太久即可品嚐到美味起司。

DATA	
種類	半加熱壓榨（半硬質起司）
產地	威尼斯政區
D.O.C年	無認證
原料乳	牛乳
熟成時間	45天
固體中乳脂肪含量	—

洽詢 起司王國

　　格蘭蒙特歐起司產地位在義大利東北部的威尼斯政區。每天早上都會從特雷維索山丘的簽約農家運來牛乳，製作成半硬質的起司。

　　特色在於柔軟有彈性的口感，入口即化，可品嚐到濃淡合宜的牛乳甜味。切成大塊享用的話，濃厚溫和的風味會更加明顯。用生火腿捲起來當作前菜也十分美味。

無特殊氣味且溫和出眾的山區起司
皮亞韋起司
Piave

皮亞韋起司會依據5個階段的熟成時間區分成不同名稱，照片中前方綠色標籤的起司為熟成時間第二短的「梅扎諾起司（Mezzano，簡稱M）」，後方為熟成時間第二長的「古代精選黃金起司（Vecchio Seretsuione Oro，簡稱V）」。

 外觀 表皮有印痕。內部在熟成時間較短時呈淡黃色，熟成時間愈久就會轉變成橘色。

 風味 具有適度的酸味以及堅果般的醇厚度。沒有特殊氣味，風味溫和。

 香氣 具有類似梨般的果香味

 季節 一年四季。

DATA
種類
加熱壓榨（硬質起司）
產地
威尼斯政區
D.O.C年
2010年
原料乳
牛乳
熟成時間
60～180天（M）
12個月以上（V）
固體中乳脂肪含量
30～38%（M）
35%以上（V）

洽詢 FROMAGE

　　產自威尼斯政區的貝盧諾縣，為硬質起司，取名自南北貫穿貝盧諾的皮亞韋河。無論是原料乳的產地，乃至於起司的熟成與出貨地點，同樣都是位在貝盧諾縣。為傳統的山區起司，風味樸實，但是無特殊氣味與明顯的溫和風味反倒成為它的特色。一般市面上流通的產品多為熟成60～180天左右的皮亞韋起司（Piave），也被叫作梅扎諾起司（Mezzano，在義大利文中間的意思）。

獨特製法塑造出風味無可比擬的夢幻起司
卡斯泰爾馬尼奧起司
Castelmagno

直徑15～25公分的圓筒型。由於產量稀少，所以物以稀為貴，備受矚目。在義大利當地也被視為高級起司，價格相當昂貴。

 外觀 表皮薄，呈現黃色至咖啡色。四處都有紅色、黃色、白色的黴菌散布。組織細緻。

 風味 具辛辣感，風味濃厚。帶酸味，會使人聯想到熟壽司，風味別具一格。

 香氣 具有獨特的發酵臭味。

 季節 於5～9月製造。熟成後從秋天至春天，等到藍黴菌出現的時候就是最佳賞味時機。

DATA
種類
非加熱壓榨（半硬質起司）
產地
皮埃蒙特大區
D.O.C年
1982年
原料乳
牛乳（無殺菌乳。混合山羊乳與綿羊乳也無妨）
熟成時間
最少2～6個月
固體中乳脂肪含量
最低34%

 洽詢 ALPAGE

　　此款起司是透過稍微特殊的製法製作而成，需將剛形成的凝乳放入麻布袋中濾除水分，再靜置發酵2天，透過這段獨特製程，可蘊釀出如同熟壽司般的風味。

　　原本使用的原料乳，來自夏天在卡斯泰爾馬尼奧山上放牧的牛隻，自從產量減少後，某段時期還曾被稱作「夢幻起司」。現在已允許移至平地生產，所以工廠製造的產品大增，連在日本都已經能夠購買得到。

皮埃蒙特首屈一指的熱門起司

布拉起司

Bra

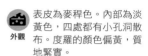

外觀　表皮為麥稈色。內部為淡黃色，四處都有小孔洞散布。度羅的顏色偏黃，質地緊實。

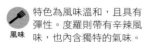

風味　特色為風味溫和，且具有彈性。度羅則帶有辛辣風味，也內含獨特的氣味。

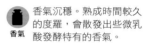

香氣　香氣沉穩。熟成時間較久的度羅，會散發出些微乳酸發酵特有的香氣。

季節　一年四季。初夏至冬天最為美味。

直徑30～40公分的圓盤型，分切後進行販售。依據不同熟成時間，可區分成半硬質起司與硬質起司。照片上為熟成時間較久的硬質起司「度羅（Duro，硬）」，半硬質起司則稱作「特內羅（Tenero，軟）」。

DATA	
種類	非加熱壓榨（半硬質起司）
產地	皮埃蒙特大區
D.O.C年	1982年
原料乳	牛乳（混合山羊乳或綿羊乳也無妨）
熟成時間	最少45天（特內羅）／最少6個月（度羅）
固體中乳脂肪含量	最低32%

洽詢　ALPAGE

　　如布拉起司（Bra）一名所示，產地就位在義大利西北部皮埃蒙特大區庫內奧縣的布拉市。布拉起司的歷史悠久，十四世紀左右就被村民製造出來當作糧食。二十世紀初被引進熱那亞後人氣飆漲，名聲更傳遍義大利全國上下，現今在皮埃蒙特大區境內的產量也相當多。

　　主要採用牛乳製作，但有時也會混雜山羊乳或綿羊乳。因為使用了脫脂後的原料乳製作而成，所以風味清爽。

　　熟成時間短的半硬質起司被稱作「布拉特內羅起司（Bra Tenero）」，特徵為具有微微的辛味與溫和香氣。另外熟成時間較長的硬質起司則稱作「布拉度羅起司（Bra Duro）」，彈性十足，風味辛辣且鮮醇味濃烈。

　　沒有特殊氣味的布拉起司，最適合當作佐餐起司，也能搭配同樣產自皮埃蒙特的紅酒一起享用。

可料理成濃郁火鍋的山區起司

芳提娜起司
Fontina

側面稍微凹陷，直徑30～45公分的圓柱狀。產地位在阿爾卑斯山區瓦萊達奧斯塔大區指定的12座溪谷。即便外觀與製法雷同，為作區別，非指定地區生產的起司一律稱為「芳塔爾起司（Fontal）」。

 外觀　表皮為偏紅的咖啡色，質地濕潤。內部為淡淡的麥稈色，組織柔軟緊實，且具有小孔洞。

 風味　口感滑順，入口即化。具有堅果般的濃醇度，以及類似蜂蜜的甜味。

 香氣　散發出泛著甜味的堅果香氣。有微微的刺激性臭味，會使人聯想到洗皮起司。

 季節　一年四季。尤其是夏天在山區所生產的起司，從秋天至冬天會達到熟成，為最佳賞味時機。

DATA	
種類	半加熱壓榨（半硬質）
產地	瓦萊達奧斯塔大區
D.O.C年	1955年
原料乳	牛乳（無殺菌乳）
熟成時間	最少3個月
固體中乳脂肪含量	最低45%

洽詢　ORDER-CHEESE

　　義大利風味的起司火鍋「Fonduta」一定少不了的起司，使用的就是芳提娜起司。產地位在與法國、瑞士的邊境交界處，義大利西北方瓦萊達奧斯塔大區的12座溪谷中，這種中型起司上方還刻有山的標誌與品名。

　　芳提娜起司足以代表義大利的山區起司，散發出微微的獨特芳香與堅果風味，蜂蜜般入口即化的甜味更是一大特色。6月15日至9月29日這段放牧期間所生產的芳提娜起司，被稱為「亞爾佩秋起司（Arpeggio）」，彌足珍貴。

　　芳提娜起司經過大約3個月的熟成時間，就會來到最佳賞味時機，當地習慣料理成起司火鍋享用。將芳提娜起司切碎後加入牛乳與蛋黃，以奶油及鹽巴調味後，便完成道地的鄉土料理。由於熟成時間長，也推薦大家當成零嘴直接品嚐。若能搭配果香味的紅酒，更能飽嚐堅果風味。

最適合家庭烹調使用的紡絲型起司

波羅伏洛起司

Provolone Valpadana

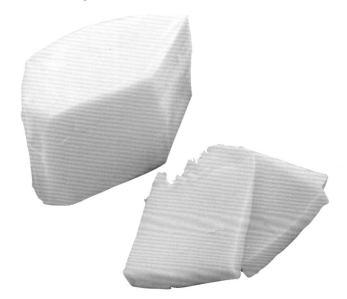

義大利香腸造型、洋梨造
型、圓錐型等等，形狀與
大小五花八門。利用紡絲
型起司製法製作而成，具
有獨特彈性。容易融化，
很適合作為料理食材。

 外觀 外側為奶油色，具有光澤。內部為白色至淡黃色，質地緊實。

 風味 熟成時間較短時風味綿密。熟成後會轉變成鹹味強烈的尖銳風味。

 香氣 外觀雖然樸實，但帶有些許特殊氣味的起司香氣。

 季節 一年四季。

DATA	
種類	紡絲型起司（半硬質）
產地	倫巴第大區
D.O.C年	1993年
原料乳	牛乳
熟成時間	最少1～2個月
固體中乳脂肪含量	最低44%

洽詢　ORDER-CHEESE

　　起源自南義大利，透過紡絲型起司製法製作而成的半硬質起司。原本成型後為球狀，然後再用繩子吊掛起來。在拿坡里當地，會像傳統的馬札瑞拉起司一樣利用水牛乳來製作。現在主要產地則位在北義大利伯達納平原一帶。

　　熟成一段時間的波羅伏洛起司，建議大家可善用起司本身的鹹味，用來料理義大利麵或千層麵等熱食，此時就能品嚐到紡絲型起司特有的牽絲質地。

　　一提到紡絲型起司，以歸類為新鮮起司的馬

札瑞拉起司（Mozzarella ➡ p.115）最為聞名，但其實波羅伏洛起司這種半硬質起司也相當受到歡迎。另外還有眾所皆知可以烤來吃的卡丘卡巴羅起司（Caciocavallo）等等，都是利用這種紡絲型起司製法製作出來的。製作時需要先在熱水中攪拌出凝乳，裝袋後再用繩子將袋口綁緊，接著2個一組吊掛起來熟成。不過將起司原料放入鹽水中加鹽，接著成型、熟成後的起司，則叫作斯卡摩扎煙燻起司（Scamorza Affumicata ➡ p.121）。

沙拉、比薩、義式料理不可或缺的起司

馬札瑞拉起司
Mozzarella

 外觀 有些產品會具有純白色薄膜狀的表皮。斷面可看到纖維狀的組織。

 風味 具有微微的甜味與酸味。有相當耐嚼的獨特口感。融化後會有明顯的牽絲。

 香氣 可品嚐到微微的牛乳香甜味。

季節 一年四季。愈新鮮愈美味。建議選購製造日2週內的產品。

DATA	
種類	紡絲型起司（新鮮）
產地	倫巴第大區以外的地區
D.O.C年	無認證
原料乳	牛乳
熟成時間	無
固體中乳脂肪含量	約50%

諮詢　NIPPON MYCELLA

一般呈現直徑3～12公分的不規則球型，會裝入內含鹽水的塑膠袋或杯子中進行販售。新鮮度會影響起司風味，所以購買前最好檢查一下製造日期。

　　享用比薩或沙拉時最常吃到的馬札瑞拉起司，是拿坡里當地生產的新鮮起司。拿坡里近郊的濕地過去有水牛棲息，所以馬札瑞拉起司一開始就是利用水牛乳所製成。不過因為水牛數量減少，再加上馬札瑞拉起司需求量大增，因此現在以牛乳製的產品為主流。為作區別，將罕見水牛乳製的產品稱作「水牛馬札瑞拉起司（Mozzarella di Bufala」。

　　牛乳製的馬札瑞拉起司風味清爽，價格宜人，適合作為平日餐點享用，目前世界各地均有生產。

　　馬札瑞拉起司吃起來彈性十足，其祕密便在於「紡絲型起司」這種製法，製造時需在熱水中攪拌凝乳，形成獨特的纖維質，接下來再於熱水中進行撕拉的「馬蘇土拉（mozzatura）」製程，這也是馬札瑞拉起司命名的由來。另外日本的「起司條」，就是參考紡絲型起司的製法製作而成。

義大利各區生產地圖
L'Italia/Centrale Sud AREA MAP

義大利　中南部
各地最具代表性的起司

里考塔起司
（Ricotta ➡ p.118）

帶有微微甜味與鬆軟口式的新
鮮起司。僅有綿羊乳製與水牛
乳製的里考塔起司（Ricotta）
才具有D.O.P認證。

翡冷翠
Firenze

亞平寧山脈
A
p
p
e
n
n
i
n
i

Toscana
托斯卡納 **Umbria**
　　　　 翁布里亞

Marche
馬爾凱

亞得里亞海
Mar Adriatico

阿布魯佐
Abruzzo

羅馬
●**Roma**

Lazio
拉吉歐

莫利塞
Molise

普利亞
Puglia

第勒尼安海
Mar Tirreno

馬札瑞拉野水牛起司
（Mozzarella di Bufala Campana ➡ p.120）

可喻為馬札瑞拉起司（Mozzarella）的
始祖，為水牛乳製的起司。最特別的
地方在於豐盈且富有彈性的口感，還
有濃醇的奶香風味。

拿坡里
●**Napoli**

Campania
坎帕尼亞

巴斯利卡塔
Basilicata

Sardegna
丁尼亞島

卡拉布里亞
Calabria

Sicilia
西西里島

Mare Ionio
愛奧尼亞海

蘊育自酷熱乾燥的風土
充滿特色的牛乳起司

義大利中南部由義大利半島，以及西西里島，還有與法國領國為鄰的薩丁尼亞島所組成。半島上的亞平寧山脈有如骨架般貫穿，平地較少，二座島嶼也幾乎全被山區盤據。

整個中南部為氣候炎熱，布滿乾燥的岩地與丘陵地，多以飼育山羊或綿羊為主，以「佩科里諾起司（Pecorino，綿羊乳起司）」最為名聞遐爾。而且各地皆有生產的馬札瑞拉起司，起初是由水牛乳所製成，其產地便位在拿坡里所在的坎帕尼亞大區。

托斯卡納大區 Toscana
首府佛羅倫斯為文藝復興時代重鎮，是片曾經成就黃金時代的土地。使用綿羊乳製作成表皮乾燥、呈現咖啡色，帶有乳香風味的濃醇起司。

翁布里亞大區 Umbria
位於義大利中南部唯一的內陸大區。在亞平寧山脈的丘陵地帶，會生產熟成時間需3個月，連內部都會呈現咖啡色的綿羊乳起司。

馬爾凱大區 Marche
位於亞得里亞海沿岸。產地僅限於馬爾凱大區兩縣市，獲D.O.P認證的「卡斯歐塔（Casciotta，中部義大利所使用的語言，意指起司）」，是混合綿羊乳與牛乳製作而成的起司。

拉吉歐大區 Lazio
擁有義大利首都羅馬，生產義大利歷史最古老的「佩科里諾羅馬諾起司（Pecorino Romano）」。當時為求保存性，因此鹹味稍強。

阿布魯佐大區 Abruzzo
位在義大利半島正中央。從亞平寧山脈的中心部位往亞得里亞海延伸，是片山地滿布的地區。會將起司進行燻製（Affumicata），以延長保存時間。

莫利塞大區 Molise
義大利第二小的大區。將紡絲型起司製法製作而成的起司原料乾燥熟成後所製成「卡丘卡巴羅起司（Caciocavallo）」，以及綿羊乳製的「里考塔起司（Ricotta）」等等，全部都是產自此地。

坎帕尼亞大區 Campania
南義大利最大的都市，首府為拿坡里。因瑪格麗塔披薩與義式番茄起司沙拉（Caprese）聞名的馬札瑞拉起司，原產地就是位在此。也生產傳統水牛乳製成的馬札瑞拉起司。

普利亞大區 Puglia
位處義大利半島「腳跟」位置的地區。生產「卡內斯多拉多普利亞塞（Canestrato Pugliese，普利亞大區的籠裝起司）」，這種綿羊乳製成的起司最大特色是具有籠子狀的紋路。

巴斯利卡塔大區 Basilicate
亞平寧山佔據巴斯利卡塔大區絕大多數的面積，土地多高低起伏。首府波坦察境內共有30座村落生產綿羊乳製的起司，而且表皮會用橄欖油及醋（Vinegar）加以擦拭。

卡拉布里亞大區 Calabria
過去據說非常貧脊，位在義大利半島的「腳尖」處。為D.O.P認證起司「卡丘卡巴羅錫拉諾起司（Caciocavallo Silano）」的原產地，帶有印痕。

西西里島自治區 Sicilia
地中海最大的島嶼。除了生產辛辣味強勁的綿羊起司外，也生產原生種綿羊乳製成的新鮮紡絲型起司。

薩丁尼亞大區 Sardegna
這座島特有的「撒丁島綿羊起司（Pecorino sardo）」，就是利用蛆來進行過度發酵的活蛆起司「卡蘇馬蘇起司（Casu Marzu）」的原料起司。

L'Italia/Centrale Sud

配上蜂蜜或果醬即成一道清爽甜點

里考塔起司

Ricotta

會裝入杯中進行販售。但其實除了綿羊乳製成的里考塔起司，也有水牛乳製成的產品，不過獲得D.O.P認證的起司為產地位在南義大利的水牛乳與綿羊乳製產品。很可惜因為產量與保存上的問題，日本很難取得。

外觀 無表皮，為純白色的奶油狀。具有些微顆粒般的粗糙質感。

風味 牛乳製的產品風味清爽，可品嚐到乳香風味與微微的甜味。

香氣 具有溫和牛乳所形成的熱牛乳香氣。

季節 一年四季。需檢查製造日期，選購新鮮度佳的產品，才能品嚐到新鮮的風味。

DATA	
種類	新鮮
產地	南義大利 ＊照片中的起司為倫巴第大區所生產
D.O.C年	無認證
原料乳	牛乳（乳清）
熟成時間	無
固體中乳脂肪含量	－

洽詢 CHESCO

　　南義大利經常食用的新鮮起司「里考塔起司（Ricotta）」，Ricotta有「再次熬煮」的意思，也是命名的由來。會取作里考塔起司的原因，是因為在製造其他起司時，會先將原料乳加熱一次，然後再將此時出現的乳清（Whey）加入新的原料乳或鮮奶油，接著再次加熱後，就會形成里考塔起司。

　　當地的原料乳種類非常多樣化，包括牛乳、山羊乳、綿羊乳，甚至還有水牛乳。而且變化豐富，有加鹽熟成的產品，也有煙燻產品、香草包

裹產品等等。日本以牛乳乳清加上原料乳製成而成的里考塔起司為主流，不過加入鮮奶油所製成的「里考塔・亞拉・帕那起司（Ricotta Ala Panna）」也頗有人氣。

　　雖然風味清爽，但是會在口腔裡整個瀰漫開來，微微的甜味與奶香風味最引人入勝。新鮮的里考塔起司可直接加上蜂蜜或果醬變成一道甜點享用，也可以填入義式短麵或料理成鬆餅。

鹹味顯著的義大利古老起司

佩科里諾羅馬諾起司
Pecorino Romano

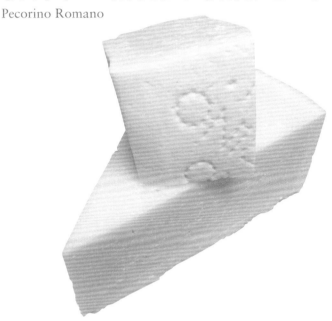

直徑25～30公分的圓筒型，一般會分切成塊販售。由於保存性佳，自古便以鹹味突出為其特色之一。據說在產地有項習俗，會於5月將熟成時間較短的佩科里諾羅馬諾起司切片，與生蠶豆一起食用。

外觀　表皮薄，呈現象牙白色。內部為白色或淡淡的奶油色，質地堅硬容易碎裂。

風味　鹹味強勁，也可品嚐到微微的酸味，並帶有綿羊乳特有的甜味與濃醇度。

香氣　具有綿羊乳特有的芳香甜蜜氣息。

季節　一年四季。

DATA	
種類	加熱壓榨（硬質起司）
產地	拉吉歐大區、薩丁尼亞大區
D.O.C年	1955年
原料乳	綿羊乳
熟成時間	最少4個月～1年
固體中乳脂肪含量	最低36%

洽詢　ALPAGE

　　據說此款起司早在羅馬帝國時代，西元前一世紀就已被製作出來，為義大利現存最古老的起司。曾為羅馬大軍遠征時隨身攜帶的糧食，為保存方便，鹹味強勁為其特色之一。於表面撒鹽的傳統鹽漬作業傳承至今，不過現代人講求健康，將鹽分減少，讓此款起司可作為佐餐起司享用。

　　熟成時間最少4個月～1年，熟成時間較短的佩科里諾羅馬諾起司可直接品嚐，熟成一段時間後則建議磨碎成粉狀添加於料理當中。尤其在品嚐發源自羅馬的「奶油培根義大利麵（Carbonara）」時，別忘了撒上一些調味。

　　綿羊乳製成的起司統稱為「佩科里諾起司（Pecorino）」，「羅馬諾（Romano）」則意指羅馬近郊。但是現在隨著需求量大增，主要產地已移至土地寬廣、綿羊乳供給容易的薩丁尼亞島了。

與托斯卡納葡萄酒絕配的
綿羊乳起司

佩科里諾托斯卡尼起司
Pecorino Toscano

奶香多汁的
正統馬札瑞拉起司

馬札瑞拉野水牛起司
Mozzarella di Bufala Campana

整塊起司為直徑達15～22公
分的圓盤型,共有柔軟的「夫
雷斯柯起司(Fresco)」,
與稍硬的「斯他吉歐那多起
司(Stagionato)」兩種。照
片上為「斯他吉歐那多起司
(Stagionato)」。

一般為直徑3～12公分的
不規則球型,會裝入內含
鹽水的塑膠袋或杯中進行
販售。比牛乳製的馬札瑞
拉起司更容易損傷,選購
時以新鮮的產品為宜。

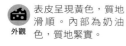

| 外觀 | 表皮呈現黃色,質地滑順。內部為奶油色,質地緊實。 |

| 風味 | 斯他吉歐那多起司另外會帶有綿羊乳的濃醇度與甜味。夫雷斯柯起司風味清爽。 |

| 香氣 | 斯他吉歐那多起司除了有綿羊乳特有的甜蜜香氣外,還帶有類似菇類般的香氣。 |

| 季節 | 一年四季。特別是新芽時期至秋天為止都是最佳賞味時機。 |

DATA
種類
非加熱壓榨(半硬質)
產地
托斯卡納大區
D.O.C年
1986年
原料乳
綿羊乳
熟成時間
最少20天
固體中乳脂肪含量
最低40～45%

洽詢 ORDER-CHEESE

| 外觀 | 如豆腐般潔白,有些產品會帶有薄薄一層光滑的表皮。 |

| 風味 | 具有溫潤的甜味。比牛乳製的脂肪含量更高,可品嚐到乳香風味。 |

| 香氣 | 具有沉穩的乳香味。 |

| 季節 | 一年四季。新芽～初夏時節正值當令,剛剛製作完成的產品最為美味。 |

DATA
種類
紡絲型起司(新鮮)
產地
坎帕尼亞大區
D.O.C年
1993年
原料乳
水牛乳
熟成時間
—
固體中乳脂肪含量
最低52%

洽詢 NIPPON MYCELLA

托斯卡納大區生產的綿羊起司。鹽分較佩
科里諾羅馬諾起司(Pecorino Romano)少,
可品嚐到綿羊乳特有的溫潤甜味。

熟成時間短,僅20天至1個月左右的「夫
雷斯柯起司(Fresco)」,以及熟成約需3個
月的「斯他吉歐那多起司(Stagionato)」,
均有在日本市面上流通。夫雷斯柯起司具有彈
性,充滿乳羊的甜味。斯他吉歐那多起司則
可品嚐到類似菇類特有的香氣與濃醇度。

為馬札瑞拉起司(Mozzarella ➡ p.115)
的始祖。雖為馬札瑞拉起司的一員,但是為
作區別,將採用原始水牛乳作為原料,並於
D.O.P指定產地內生產的起司,稱作「馬札瑞
拉野水牛起司」。

脂肪含量高,富奶香味,口感柔軟且充滿
彈性,令人愛不釋口。享用番茄與羅勒組成的
義式番茄起司沙拉(Caprese)時,一定要使
用原汁原味的水牛製馬札瑞拉起司來製作。

奶油滿溢
濃厚綿密的馬札瑞拉起司

布拉塔起司
Burrata

直徑8～10公分的球型，保留以綠葉包裹的傳統，在布拉塔起司（Burrata）的塑膠袋外包裝上印有葉子圖案，裝入內含大量鹽水的容器中進行販售。

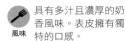 **外觀** 表皮為馬札瑞拉起司。內部會溢流出濃厚的奶油。

 風味 具有多汁且濃厚的奶香風味。表皮擁有獨特的口感。

 香氣 可品嚐到微微的甜味，帶有新鮮奶油的香氣。

 季節 一年四季。不過新鮮度勝於一切，所以在容易損傷的季節並不容易購得。

DATA

種類	紡絲型起司（新鮮）
產地	普利亞大區
D.O.C年	無認證
原料乳	牛乳
熟成時間	無
固體中乳脂肪含量	75%

洽詢 CHEESE HONEY

　　布拉塔起司為南義大利普利亞大區的特產，這款獨特的新鮮起司，會用束口袋造型的凝乳將馬札瑞拉起司（Mozzarella ➡ p.115）的新鮮凝乳與奶油包裹起來。Burrata一名在義大利語有「如同奶油般」的意思，是一款風味濃厚且綿密的甜點起司。

　　冷藏後就能直接享用，也能切碎後搭配番茄、當令水果品嚐，建議大家盡量用最簡單的方式食用布拉塔起司。

濃縮乳香鮮醇味的
煙燻起司

斯卡摩扎煙燻起司
Scamorza Affumicata

將利用紡絲型起司製法完成後的起司，再用繩子捆綁起來煙燻。在日本一般多為真空包裝。

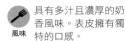 **外觀** 表皮呈現煙燻後的咖啡色。內部為奶油色，質地細緻緊實。

 風味 藉由煙燻將類似馬札瑞拉起司的乳香鮮醇風味完全濃縮。

 香氣 沉穩的煙燻香氣。也有未經煙燻的綿密「比亞凱起司（Bianche）」。

 季節 一年四季。最佳品嚐時機為製造日起20天以內。

DATA

種類	紡絲型起司（新鮮）
產地	坎帕尼亞大區
D.O.C年	無認證
原料乳	牛乳
熟成時間	無
固體中乳脂肪含量	45%

洽詢 CHEESE HONEY

　　斯卡摩扎煙燻起司是將馬札瑞拉起司煙燻後製成的起司，沉穩的煙燻風味來自於麥稈的燻製效果，就連不喜歡煙燻起司香氣的人，也會因為它溫潤風味而容易入口。吃起來也十分特別，具有類似魚漿製品般的神奇口感。直接吃也很美味，但是建議大家可用平底鍋煎過後再行享用，使煙燻香氣飄散出來，成為最佳下酒菜。

歐洲大陸

Continental Europe

經年累月受一國風土
薰陶演化而成的傳統起司
更有推陳出新的獨創起司

North sea
北海

Netherlands 荷蘭

Belgium
比利時

German
德國

Atlantic Ocean
大西洋

Switzerland
瑞士

Spain
西班牙

Mediterranean
地中海

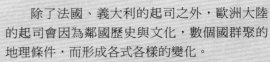

除了法國、義大利的起司之外，歐洲大陸的起司會因為鄰國歷史與文化，數個國群聚的地理條件，而形成各式各樣的變化。

每一個在山區地帶創造出來的起司，會因為山脈兩側的國家不同，而出現不同的命名方式，起司成品也會同工異曲。

雖說如此，但美味的起司越嶺渡海流傳至周邊各國後，其製法也會逐漸被採用，並迎合該國風土特性，創造出嶄新口味的起司。在貿易來往下，大家更期待推陳出新的口味，在外觀上也會想方設法的改變。

其實在歐洲大陸還有許許多多尚未引進日本的起司，大家不妨前往起司產地，探尋風味新穎的起司吧！

ustria
奧地利

瑞士

+ Switzerland

Switzerland

來自阿爾卑斯山脈的起司
體積龐大且堅硬、保存性佳

　　瑞士立足於阿爾卑斯山脈與侏羅山脈之間，是個得天獨厚且氣候穩定的小國。國土大半為阿爾卑斯山所佔據，其中40％為放牧地，適合穀物生產的平地稀少，在這種土地條件下，自古便開墾山地推展酪農業。

　　當地製作起司的歷史，可回溯到1291年建國之前。現在被稱作史普林起司（Sbrinz）的起司原型「卡瑟屋斯・海爾衛堤克斯（瑞士用來稱呼起司的名詞）」，傳說在一世紀左右便已經被製造出來。一提到瑞士最具代表性的起司，莫過於格呂耶爾起司（Gruyère）與埃文達起司（Emmental），除此之外，還有名聲遠播的拉可雷特起司（Raclette）。包括史普林起司（Sbrinz），這些起司都被稱作「山區起司」，共同特徵就是體積龐大且堅硬。這些保存性佳的起司，是山谷居民的重要糧食，甚至於流傳到周邊各國。

　　即便如今也開始製作質地柔軟的起司，但是一提到瑞士起司，還是會直接聯想到「山區起司」。尤其是夏季在山谷往高地間移動放牧（Alpage）期間，於山間小屋製作出來的「高山草原起司」，風味更是一絕。

＊未加入歐盟（EU）的瑞士，自2000年起便獨自設立了原產地名稱保護制度「A.O.P（Appellation d 'Origine Protegée）」。

在瑞士有「起司之王」稱號的百搭起司

埃文達起司

Emmentaler

外觀 大孔洞為其一大特徵。表皮薄，呈現淡黃色至鮮黃色。有些大型的產品會超過100公斤。

風味 鹹味並不明顯，風味溫潤，可品嚐到微微的甜味與果實般的風味。

香氣 具有奶油般的甜蜜香氣，一含在口中，如同果實般的芳香氣息會直竄鼻腔。

季節 一年四季都可以品嚐到美味起司。開封後最好應趁未乾燥前盡早食用。

Switzerland

DATA	
種類	加熱壓榨（硬質）
產地	瑞士中部、東北部
A.O.P年	2006年
原料乳	牛乳（無殺菌乳）
熟成時間	4個月以上
固體中乳脂肪含量	45%

洽詢　世界起司商會

一提到起司，很多人都會聯想到具有孔洞的埃文達起司（Emmentaler）。埃文達起司風味沉穩，使用範圍廣泛，目前世界各國都有生產，但在瑞士生產的產品會有紅色的「SWITZERLAND」印痕。

曾登上動畫《湯姆貓與傑利鼠》（Tom and Jerry，台灣電視公司於1970年代播出時，曾經將其譯作《妙妙妙》），具有大孔洞（Cheese Eye）的起司，就是埃文達起司。這些孔洞類似起動裝置（Starter，意指乳酸菌與黴菌等微生物，可促進原料乳發酵，也具有防止雜菌繁殖的作用），當乳酸菌與丙酸（propanoic acid）同時加入後，高溫熟成中所產生的二氧化碳，會無法從埃文達起司特有的緊實彈性質地中排出，因而停留在組織當中形成這些孔洞。

埃文達起司一名源自德語圈伯恩洲的艾曼托（Emmental）溪谷，自十二世紀起在艾曼托地區的群山之中被製造出來，不過直到十七世紀才開始在山谷間生產。由於冬天當地會被大雪封閉，在這種土地特性下，會將起司壓榨使水分完全去除，以便長時間保存。

埃文達起司為世界上數一數二的大型起司，有些產品甚至超過100公斤。由於它的悠久傳統與尺寸大小，在瑞士被稱作「起司之王」。

風味飽滿的「起司女王」

格呂耶爾起司

Gruyère

瑞士

外觀 表皮為黃褐色，質地堅硬，常被比喻為餅乾。內部為淡黃色，感覺相當滑順。

風味 熟成時間較短時也會散發出濃醇度，具有微微的酸味，使風味更顯內斂。熟成後風味會更加明顯。

香氣 具有如同奶油般酸甜的乳香味。熟成後會轉變成發酵奶油般的芳醇香氣。

季節 一年四季。6月至9月製作熟成後於秋冬上市的產品，據說非常美味。

與埃文達起司（Emmentaler ➡ p.125）並列瑞士最具代表性的起司，產量也是瑞士第一。熟成期間會用浸泡在鹽水裡的布巾擦洗表皮數次，因此質地濕潤光滑，表皮會出現表面熟成現象，轉變成黃褐色。

DATA	
種類	加熱壓榨（硬質）
產地	瑞士西部
A.O.P年	2001年
原料乳	牛乳（無殺菌乳）
熟成時間	5個月以上
固體中乳脂肪含量	49～53%

諮詢　世界起司商會

　　在瑞士起司當中，格呂耶爾起司的產量與人氣皆屬第一，是款足以代表瑞士的起司。發源自十二世紀，歷史悠久，產地位於格呂耶爾這座城鎮，這也是格呂耶爾起司命名的由來。過去將所有產自瑞士西部與法國侏羅地區、薩伏依一帶的起司，統稱為格呂耶爾起司。十六世紀以後各地開始生產類似產品，因此自2001年起格呂耶爾起司開始受到A.O.P原產地名稱保護。

　　最受歡迎的食用方式，就是用白酒將格呂耶爾起司融化後，料理成起司火鍋享用。除此之外，也能用於法式鹹派或湯品當中，屬於百搭型的起司。不過內部會出現「雷紐爾（Lainure）」這種細微裂痕的產品，似乎並不太受到消費者青睞。而原料乳來自夏季放牧飼育的牛隻的「格呂耶爾‧達爾帕秋起司（Gruyère d'Alpage），則堪稱頂級風味。除此之外，還有熟成超過10個月的「格呂耶爾‧雷瑟爾瓦起司（Gruyère Réserve）」等產品。

享用前用刨刀切削
使風味更加顯著
史普林起司
Sbrinz

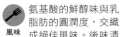

歷史非常悠久的超硬質起司。可用刨刀切屑後撒在沙拉上頭，或是切成一口大小搭配餐前酒享用。

 外觀　表皮為具光澤感的黃褐色。內部為淡黃色，可看見氨基酸的結晶。

 風味　氨基酸的鮮醇味與乳脂肪的圓潤度，交織成絕佳風味。後味清爽。

香氣　帶有微微的菊苣焦香感，起司的發酵臭味並不明顯。

季節　一年四季都可以品嚐到。在日本分切包裝的產品賞味期限約為60天。

DATA	
種類	加熱壓榨（硬質）
產地	瑞士中部
A.O.P年	2002年
原料乳	牛乳（無殺菌乳）
熟成時間	16個月以上
固體中乳脂肪含量	45%以上

洽詢　世界起司商會

　　傳說最原始的史普林起司起源自一世紀，在瑞士也算是最古老的起司之一。十六世紀左右，史普林起司被集中在瑞士中部的交通樞紐布里恩茨村，然後再轉運至義大利，因此具有義大利口音的村名，才會成為史普林起司的名稱，現在在義大利也擁有極高人氣。

　　可用於料理當中，但是薄切成紙片厚度再撒上黑胡椒品嚐，也十分美味。

由祕傳配方製成
獨樹一格的起司
阿彭策爾起司
Appenzeller

熟成時間不同的產品，會貼上不同顏色的標籤。如照片所示，熟成3個月以上的「Classical」會貼上銀色標籤，熟成4個月以上的「SourchixExtra（頂級）」會貼上金色標籤，熟成6個月以上的「Extra」則會貼上黑色標籤。

 外觀　圓盤型。表皮為咖啡色。內部呈奶油色，四處都有微小氣孔。

 風味　熟成時間較短時會有果香味與堅果般的苦味。熟成時間愈久，鮮醇度與苦味都會增加。

 香氣　表皮上會有類似洗皮起司強烈的香氣。

 季節　從夏天至冬天的季節。尤其秋天為最佳賞味時機。

DATA	
種類	非加熱壓榨（半硬質）
產地	瑞士東北部
A.O.P年	無認證
原料乳	牛乳（無殺菌乳）
熟成時間	3個月以上
固體中乳脂肪含量	48%以上

 洽詢　NIPPON MYCELLA

　　產地位在瑞士東北部的亞本塞地區，在翠綠山丘農家散布的悠閒鄉村，以祕傳配方製作而成。

　　700年來的極祕配方，就是使用了白酒或蘋果酒（發泡蘋果酒），以及吸取山間香草豐沛香氣的鹽水。利用浸泡在鹽水中的布擦洗表皮使之熟成，因此風味有別於其他的硬質起司，可品嚐到辛辣風味。

刨削成花瓣狀食用的美麗起司

僧侶頭起司

Tête de Moine

屬於半硬質起司，利用專用旋轉刨削器或切片刀（Slicer）切成薄片後享用。倘若使用的是旋轉刨削器，可將起司刨削成花瓣狀，很適合裝點在派對起司盤上。

外觀 圓筒型。表皮為紅褐色，略帶濕氣。內部為黃色至淡咖啡色，組織細緻密實。

風味 具有濃厚的甜味與濃醇度，風味穩重，最適合切成薄片。

香氣 具有略帶刺激性的洗皮起司香氣，也能品嚐到微微的果香味。

季節 瑞士當地吃法，習慣在晚秋至冬天的季節享用。日本則是從10月至春天，皆可品嚐到起司美味。

DATA	
種類	非加熱壓榨（半硬質）
產地	瑞士西北部
A.O.P年	2001年
原料乳	牛乳（無殺菌乳）
熟成時間	75天以上
固體中乳脂肪含量	51〜54%

諮詢 NIPPON MYCELLA

　　曾有記錄顯示，僧侶頭起司是在十二世紀由貝勒萊修道院的修道士所引進。當時佃農租借教會土地耕作，再將符合修道士人數的起司上繳作為租金，這也就是僧侶頭起司名稱的由來，但在A.O.P資料上的名稱則登記為「貝勒萊起司（Fromage de Bellelay）」。

　　由於僧侶頭起司會用鹽水擦洗，再放置於樅樹（Episea）木板上熟成，因此表皮濕潤，帶有強烈香氣。

　　僧侶頭起司最特別的地方，就是會使用專用旋轉刨削器，可將起司刨削成如同花瓣般輕薄的工具，刨削時需將起司表皮上方切掉，把起司固定於圓型台座與金屬棒上，再將附有把手的刀片穿過金屬棒，以繞圓圈的方式刨削。這樣一來，就能刨出入口即化，外觀華麗的花瓣狀起司（fleuron）。由於起司本身的風味濃厚，所以建議大家刨削得愈薄愈好。

強烈氣味的盡頭就是無上幸福的美味

拉可雷特起司

Raclette

刺鼻的氣味之後，會出現令人意想不到的圓潤溫和風味。傳統吃法會將起司放在火爐上加熱，再用刀子豪邁地將融化的起司切下來，最後擺在水煮馬鈴薯上享用。

外觀　表皮為茶褐色，質地濕潤。內部為奶油色，四處布滿氣孔，組織緊實。

風味　具有溫和的堅果濃醇度，風味圓潤。融化後再吃最為美味。

香氣　帶有果實般的香氣，且會散發出些許洗皮起司特有的刺激性氣味。

季節　一年四季。當地從秋天至春天，在漫長嚴峻的阿爾卑斯山冬季可以品嚐得到。

DATA	
種類	非加熱壓榨（半硬質）
產地	瑞士西南部
A.O.P年	無認證
原料乳	牛乳
熟成時間	3個月以上
固體中乳脂肪含量	50%以上

諮詢　世界起司商會

　　拉可雷特起司一名源自racler，有「切削」之意。正如其名，傳統吃法就是將拉可雷特起司擺在火爐上，再將融化後的起司切下來，放在馬鈴薯上或麵包上享用。現在有時也會事先將起司片好，然後放在專用工具拉可雷特起司烤箱（Raclette Oven）上加熱，或用平底鍋煎來吃。

　　由於瑞士未加入歐盟（EU），因此2000年起設立了獨自的原產地名稱保護制度（A.O.P），而拉可雷特起司（Raclette）就是其中一種A.O.P認證起司。

　　不過原產地位在瓦萊州，並依照規定製成的「瓦萊拉可雷特起司（Raclette du Valais）」，才是受A.O.P認證起司，除此之外未受認證的拉可雷特起司，在瑞士各地甚至於隔著阿爾卑斯山的法國皆有生產。

　　製法上最大的特徵，就是利用了Curd Washing（使凝乳保留較多水分，再透過名為「雷拉可特塞秋」的技術將乳糖去除掉）製法，而且還會用浸泡在鹽水中的布巾擦洗表皮使之熟成，使拉可雷特起司具有獨特的洗皮香氣。

西班牙

🏴 Spain

西班牙

與眾不同的氣候
造就出自由不羈的風格
塑造出各種獨特的起司

　　西班牙位在歐洲大陸的西南端，站在南方海峽最狹窄的地方，甚至可以直接眺望到非洲大陸的摩洛哥。西班牙與眾不同的地理位置，造就出多樣化的氣候條件。

　　與法國相鄰的庇里牛斯山脈山岳地帶，受大西洋影響，西北部擁有翠綠的牧草地。而西班牙北部的地形則是變化多端，這片土地的個性也反映在起司的風格與風味上，例如被稱作「綠色西班牙」，位於西北部的加利西亞自治區與阿斯圖里亞斯自治區等地，就有使用牛乳製成的起司，也有利用大西洋引入的濕空氣與石灰岩洞穴中培育而出的藍黴菌製作而成的藍黴起司。

　　不過西班牙絕大多數的土地終年幾乎不會下雨，多乾旱，因此也有「乾燥西班牙」之稱。多山地且氣溫高低落差顯著，擁有「雨季」及稀疏牧草地的內陸地區，則會飼養可取得毛皮的綿羊作為家畜，並且會使用綿羊乳製作成耐長時間保存的起司。炎熱乾燥的地中海沿岸與山區，則會飼養可耐粗食的山羊，並以生產山羊起司為主。據說在西班牙，山羊也可喻為「窮人的牛隻」。

　　西班牙的起司無論是新鮮或是經過熟成，大多十分美味。

＊加入歐盟的西班牙，產地及製法認證皆依循「P.D.O（原產地名稱保護）」制度，西班牙文稱作「Denominación de Origen Protegida」，標記為D.O.P.

躍上名著、知名度與風味出類拔萃的起司

曼徹格起司
Queso Manchego

側面上具有特色之一的帶狀微細鋸齒狀網眼圖案，是款具有綿羊乳甜味與濃醇度的起司。在西班牙一般會將曼徹格起司與榲桲果醬片成相同大小一起享用。

外觀 表皮為鮮黃色或咖啡色。內部為奶油色，組織緊實，具有微小氣孔。

風味 帶有綿羊乳獨特的甜味與鮮醇味，以及乳脂的濃醇風味。會微微刺激舌頭的辛味與鹹味巧妙地相互調和著。

香氣 帶有綿羊乳的甜蜜香氣，以及堅果般的芳香氣息。也可品嚐到類似乾草的香氣。

季節 一年四季。春天製造出來的產品其綿羊乳風味最佳。夏天至秋天的季節為最佳賞味時機。

Spain

DATA	
種類	非加熱壓榨（半硬質）
產地	拉·曼徹地區
D.O.P年	1996年
原料乳	綿羊乳
熟成時間	最少2個月
固體中乳脂肪含量	最低50%以上

洽詢　ALPAGE

位於伊比利亞半島中部的拉·曼徹地區，就是這款綿羊乳起司的故鄉。拉·曼徹地區的名稱源自阿拉伯語，有「缺水的土地」之意，現在依舊被稱為乾燥西班牙，但在春天及秋天可獲得綠意盎然的牧草地滋養，所以此時正好適合作為飼育待產綿羊的場所。

曼徹格起司曾在十七世紀的不朽名著《唐吉訶德》中登場過，側面的獨特圖案也十分吸睛，在西班牙的知名度相當高。

曼徹格起司上的特殊圖案，是為了保留過去用北非蘆葦草（禾本科的多年生草本植物）編織製成的普雷他緞帶捆綁成型的特色。現在因為衛生上的考量，已不再使用普雷他緞帶，但是會在塑膠模型內部彫刻上類似圖案。

熟成時共分為4個階段，熟成2週的半熟成狀態稱作「夫雷斯柯起司（Fresco）」，熟成時間短的稱作「塞米克拉度起司（Semicurado）」，處於最佳賞味時機的稱作「克拉度起司（Curado）」，熟成超過1年的稱作「比耶何起司（Viejo）」。

配啤酒也對味的煙燻起司

伊迪亞薩瓦爾起司

Idiazábal

由於使用了從羔羊胃部取出的凝乳酶，因此風味尖銳，口感鬆散。在日本可以找到巴斯克自治區生產的煙燻伊迪亞薩瓦爾起司，與厚重的紅酒、威士忌、啤酒最為對味。

 外觀 圓柱型，具有煙燻特有的橘色表皮。內部為淡黃色，質地緊實。

 風味 具有綿羊乳濃醇的甜味與酸味。帶有源自凝乳酶的微微辛味。

 香氣 帶有煙燻味，也可品嚐到微微的草香味。

 季節 一年四季。若能善用煙燻起司的風味，夏天可搭配啤酒，冬天可搭配威士忌。

DATA

種類	非加熱壓榨（半硬質）
產地	巴斯克自治區等地
D.O.P年	1987年
原料乳	綿羊乳（無殺菌乳）
熟成時間	最少3個月
固體中乳脂肪含量	45～50%

諮詢 ORDER-CHEESE

　　煙燻的伊迪亞薩瓦爾起司主要產自四周被高山環繞的巴斯克自治區，未經煙燻的則產自低窪地區的納瓦拉周邊。日本主要流通於市面上的，為巴斯克生產保存性佳的起司。

　　使用的原料乳來自當地拉恰（Latxa）品種或卡蘭沙那（Carranzana）品種的無殺菌綿羊乳。凝固劑則依循D.O.P規定，使用了鹽漬後的羔羊胃部。大家不妨先成薄片，再與穩重的紅酒或威士忌一起享用。

產自地中海風味與造型特殊的起司

馬洪起司

Mahón

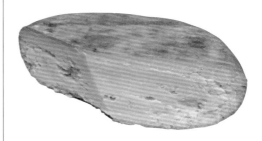

造型類似抱枕的起司。這種造型是將凝乳用布包起來，再將四個角綁緊後加壓，透過獨特製造方法所形成的。等起司熟成風味變尖銳後，也很適合搭配辛味的日本酒。

 外觀 表皮塗滿橄欖油與紅椒粉（Paprika）。內部為淡黃色，質地緊實。

 風味 具有獨特鹹味與酸味，並帶有飽滿的濃醇風味。

 香氣 含在口中會讓人聯想到海風，可品嚐到海岸礁石的香氣。

 季節 一年四季。熟成時間短的夏季堤耶爾諾起司（Tierno），或是熟成時間長的秋季克拉度起司（Curado），全都美味。

DATA

種類	非加熱壓榨（半硬質）
產地	梅諾卡島
D.O.P年	1985年
原料乳	牛乳
熟成時間	最少21天
固體中乳脂肪含量	最低38%

諮詢 ALPAGE

　　主產地位於地中海上的梅諾卡島港口馬翁，自古即為酪農業盛行的地區，據說從十三世紀起才開始飼育牛隻。

　　美乃滋的命名也是源自這個港口。或許是牛隻食用了海風吹撫下的青草，所以起司中也能品嚐到獨特的海岸礁石香氣。農家製作的產品（亞爾特沙諾起司），其鹽分濃度大多會高於工廠生產的產品（法多里亞起司）。

独特的
圆锥造型起司

迭地亚起司

Queso Tetilla

圆滚滚的圆锥型，虽然有点怪异，却令人印象深刻。具有如同奶油般的圆润风味，非常容易融化，咸味较不明显，除了可用来制作甜点，也能广泛运用于料理当中。

 外观 底边直径9～15公分的圆锥型。质地湿润呈奶油色。

 风味 柔软且入口即化。乳香甜蜜的风味与微微的酸相互调和着。

 香气 具有微微的乳香味。

季节 一年四季。

DATA	
种类	柔软（其他）
产地	加利西亚自治区
D.O.P年	1993年
原料乳	牛乳
熟成时间	最少7天
固体中乳脂肪含量	45%

洽询 FROMAGE

由西班牙最大的牛乳产地，西北方的加利西亚自治区所制造的起司。Tetilla为西班牙语，意指乳房的意思，据说外型就是迭地亚起司（Queso Tetilla）命名的由来。自六世纪起才开始用漏斗作为模型为起司塑型，生产出乳房外型的起司。

当地会切片后搭配生火腿等食材当作前菜，或是融化后烹调成派皮料理享用。

手工制作数量有限
风味刺激的梦幻蓝霉起司

卡伯瑞勒斯起司

Cabrales

卡伯瑞勒斯起司是在西班牙西北部，阿斯图里亚斯自治区的三个村落内偷偷制造出来的起司。会耐心地花时间等待蓝霉菌成长，因此具有辛辣刺激的强劲风味，而且6月过后推出的产品风味更加辛辣、强劲。

 外观 奶油色的质地中会布满如芝麻盐状，泛咖啡色的蓝霉菌。

 风味 风味浓厚，口感绵密，且具有刺激性的辛辣味。

 香气 充满粗犷带金属感的尖锐香气，也具有独特的乳香味。

 季节 一年四季。混合各种原料乳于春天与夏天生产的产品据说最为美味。

DATA	
种类	蓝霉
产地	阿斯图里亚斯自治区
D.O.P年	1981年
原料乳	牛乳与其他混乳（山羊乳、绵羊乳）
熟成时间	最少3个月
固体中乳脂肪含量	45～50%

洽询 FROMAGE

手工制作且数量有限的蓝霉起司，基本上会使用牛乳制作，但有时在春天与夏天会混合山羊乳或绵羊乳。制作时会使用自然滤除水分的凝乳，并以手工方式加入盐巴，再静置于低温贮藏室1个月左右，然后移到熟成用的洞穴中耐心等待蓝霉菌成长，因此具有独特的刺激性风味。虽然不同时期会使用不同的原料乳，但据说混合各种原料乳制成的起司风味更加深邃，过去还会以大红叶（Acer amoenum）包裹起来。

入口即化的芳醇風味

巴爾得翁起司

Queso de Valdeón

芳醇且風味深邃複雜的藍黴起司，質地濕潤，但是入口即化的口感令人欲罷不能。顛覆外觀給人的感覺，並沒有刺激尖銳的風味，反而十分沉穩。

西班牙

外觀 傳統的巴爾得翁起司會以楓葉包裹。泛著灰色的質地中布滿著藍黴菌。

風味 具有濕潤芳醇的甜味與濃醇度。入口後會逐漸散發出微微的鹹味與酸味。

香氣 若原料乳僅採用牛乳時，會具有如奶油般的牛乳香氣。使用混乳時，則會出現微微的辛香味。

季節 一年四季。須趁著未過度成熟時，在半熟成狀態下品嚐圓潤風味。

DATA	
種類	藍黴
產地	萊昂省
D.O.P年	無認證（P.G.I 2004年）
原料乳	牛乳與其他混乳（山羊乳）
熟成時間	最少2個月
固體中乳脂肪含量	45%

諮詢 世界起司商會

　　Valdeón一名來自位在西班牙北部歐羅巴山脈南部的某座溪谷，在這座溪谷附近，直到1950年左右一直都在生產奶油，後來才轉換跑道改做起司。當時所參考的範本，就是極具西班牙代表性的藍黴起司卡伯瑞勒斯起司（Cabrales ➡ p.133）。

　　巴爾得翁起司就像卡伯瑞勒斯起司一樣，以牛乳作為主要原料乳，再混合山羊乳製作而成，而且過去還會模仿卡伯瑞勒斯起司用大紅葉（Acer amoenum）包裹的特色，使用浸泡在鹽水裡的大紅葉包裝再出貨。現在考量到衛生的問題，外包裝有時只會仿照大紅葉的造型。

　　卡伯瑞勒斯起司會放置於洞穴內，耐心等待熟成，以自然的方式培養藍黴菌，相對於此，巴爾得翁起司的藍黴菌則是人為刻意培植上去的，因此風味截然不同。吃不慣卡伯瑞勒斯起司帶金屬風味的人，極力推薦具芳醇甜味與濃醇風味，由西班牙生產的美味藍黴起司。

靠紅酒形塑出來的優雅風味

莫西亞山羊紅酒起司

Queso de Murcia al Vino

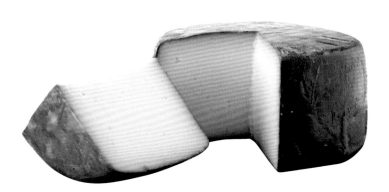

外觀　純白且具有彈性，質地細緻的組織。表皮被浸染成酒紅色。

風味　具有乳香甜味與酸味，口感柔滑，也可品嚐到微微奢華的果實味。

香氣　具有源自紅酒的優雅果香味，幾乎感覺不到山羊乳的氣息。

季節　一年四季。

這款山羊乳起司表皮為酒紅色，與純白且濕潤的內部呈現美麗對比。熟成過程中會以紅酒洗浸，但卻不歸類為洗皮起司。乳香甜味、果香味與酸味，營造出絕妙的美味。

DATA	
種類	非加熱壓榨（山羊乳）
產地	穆爾西亞自治區
D.O.P年	2001年
原料乳	山羊乳
熟成時間	最少6週
固體中乳脂肪含量	45%

洽詢　FROMAGE

Spain

　　產自西班牙東南部，面地中海的穆爾西亞自治區。

　　原料乳取自歷經好幾世紀品種改良的「穆爾西亞諾・古拉那蒂那」優質山羊乳。這種山羊乳的脂肪含量豐富，完成後的純白起司質地黏稠，具有乳香甜味與鮮醇味，也帶有山羊乳特有的酸味，會讓人出現品嚐濃郁優酪的錯覺。

　　名稱當中的Vino，在西班牙語有紅酒的意思，而且正如其名，熟成第1週會以當地生產的高單寧紅酒洗浸表皮2次，第3週會再洗浸2次，才會形成鮮豔的酒紅色。經紅酒洗浸後可增加果香味，而且幾乎足以蓋過山羊起司的特殊氣味。

　　若要搭配酒類，還是以紅酒為首選，而且應盡量選擇產自穆爾西亞自治區酒體飽滿的紅酒。

德國

🇩🇪 German

濃縮歐洲起司美味
適合搭配啤酒的起司

德國幾乎位於歐洲正中央的位置，與九國邊境相接，受鄰近各國影響下，各種類型的起司在德國上下均有生產。

從西側荷蘭傳入高達起司（Gouda）與埃德姆起司（Edam）的製法，自西南邊的法國引進柔軟白黴起司與洗皮起司的製法，甚至於阿爾卑斯的「山區起司」也被帶進德國境內。產量多，僅次於美國，名列全世界第二名（2012年），而且當中約有40％的起司會出口至世界各地。

在德國境內所消費的起司，以新鮮起司占最多數，高達50％左右，其他進口起司也占了30％。相較於德國自家的傳統

起司，比方像是將他國起司調整成德國特色的坎伯佐拉起司（Cambozola），由於容易入口且綿密，所以深獲人心。話雖如此，一提到德國還是不得不提到啤酒！例如拉格啤酒（Lager，下層發酵的啤酒）與愛爾啤酒（Ale，上層發酵的啤酒）等等，在德國也都有各種可用來搭配形形色色啤酒的起司。

＊加入歐盟的德國受「P.D.O（原產地名稱保護）」制度所規範，德語稱作「Geschützte Ursprungsbezeichnung」，標記成「g.U」。本書則參考起司專業協會標記方式，標記成「P.D.O」。

卡門貝爾起司與古岡左拉起司合而為一

坎伯佐拉起司

Cambozola

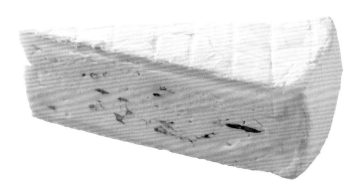

外觀	直徑約24公分，高約4公分的圓盤型。表皮薄，且覆蓋著白黴菌。內部布滿少量的藍黴菌。
風味	非常綿密且滑順，再加上藍黴菌濃淡合宜的辛味點綴其中。
香氣	會使人聯想到奶油般的乳香味。藍黴起司特有獨樹一格的香氣較為內斂。
季節	一年四季。進口後約30天內為最佳賞味時機。

DATA	
種類	藍黴
產地	沃爾高地區
P.D.O年	無認證
原料乳	牛乳
熟成時間	2個月
固體中乳脂肪含量	70%

洽詢　NIPPON MYCELLA

「坎伯佐拉起司（Cambozola）」這個名字，就是由卡門貝爾起司（Camembert ➡ p.32）與古岡左拉起司（Gorgonzola ➡ p.102）組合而成的新名詞。正如其名，是款外部覆蓋著白黴菌，內部遍布藍黴菌的起司，融合了白黴菌與藍黴菌迥然各異的特色風味。

就像用卡門貝爾起司包覆著古岡左拉起司的藍黴起司。製作時將藍黴菌加入凝乳中，再裝填入模，最後撒上白黴菌靜待熟成，就能完成這款獨樹一格的藍黴起司。在德國也會生產其他相同類型的藍黴起司，例如寶華利亞藍黴起司（Bavaria Blue）以及拉米藍黴起司（Ramee Blue）等等。

基礎的凝乳也使用了雙倍乳脂的布利起司（Brie）凝乳，因此可品嚐到醇厚濃郁的風味，在英語圈也被稱作布利藍黴起司（Brie Blue）。

嚴格來説，圓潤的白黴起司風味更勝一籌，藍黴起司刺激性的香氣與特殊風味較為內斂，因此很適合初嚐藍黴起司的人品嚐看看。

除了可搭配麝香葡萄這類的水果或蜂蜜之外，也很適合搭配黑麥麵包等具酸味的德國麵包。酒類方面不妨搭配帶果香味且稍具甜味的白酒、小麥啤酒（小麥製作而作的白啤酒）等等。

德國

少了特殊氣味且
耐長時間保存的起司

精選卡門貝爾起司

Select Camembert

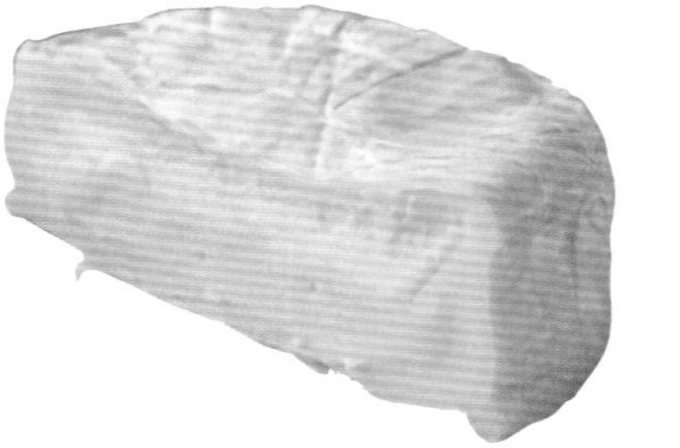

屬於保存性佳，耐長時間保存的起司。產品多以出口為主，不受熟成時間影響，隨時都能品嚐到一致的風味，最適合作為天然起司入門款品嚐。

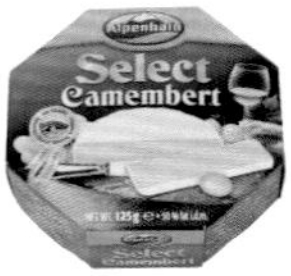

外觀 表皮薄，覆蓋著白黴菌。內部為奶油色，質地濕潤。

風味 風味溫潤，無特殊氣味。口感黏稠。

香氣 香氣沉穩，可品嚐到些許類似菇類的白黴起司香氣。

季節 一年四季。在最佳熟成狀態下，可維持半年～1年的賞味期。

DATA

種類	柔軟（白黴）
產地	巴伐利亞自由邦
P.D.O年	無認證
原料乳	牛乳
熟成時間	—
固體中乳脂肪含量	50%

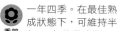

洽詢　FROMAGE

屬於1950年創業的Alpenhain公司旗下，「耐長時間保存」系列的卡門貝爾起司（Camembert），且同公司還生產另一款耐長時間保存的品牌「Prestinge」。

製作時會將起司加熱殺菌，並且在最恰當的狀態下停止熟成後密封起來，因此賞味期限長，隨時開封都是最佳賞味時機。除了搭配紅酒、辛味白酒外，也能用來與咖啡或紅茶一起享用。加上酸酸甜甜的蔓越莓也很美味。

黑啤酒更能突顯起司的
濃醇與風味

路德威黑啤酒起司

König Ludwig Bierkäse

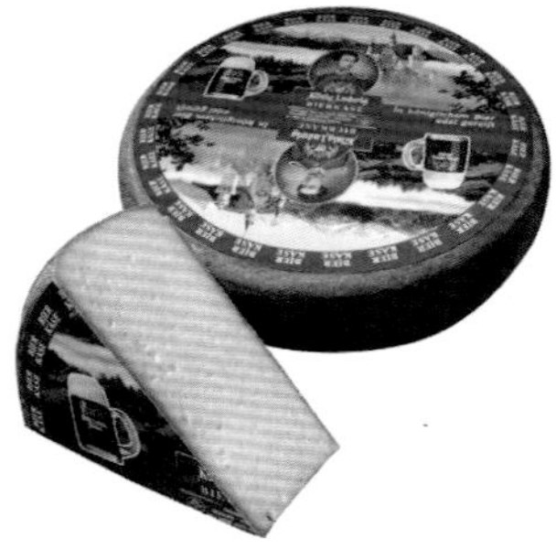

利用路德威黑啤酒這種黑啤酒洗浸後，使最終風味更加飽滿的半硬質起司。所使用的原料乳取自夏天放牧、冬天僅餵食乾草的牛隻，品質極佳。

外觀 表皮呈現泛著橘色的咖啡色。內部為奶油色，組織具有彈性。

風味 口感豐盈。具有如同奶油般圓潤與濃厚香醇風味。

香氣 含在口中可品嚐到黑啤酒香氣滿溢的獨特芳香。

季節 一年四季。推薦品嚐熟成4個月以上的產品。

DATA

種類	非加熱壓榨（半硬質）
產地	巴伐利亞自由邦
P.D.O年	無認證
原料乳	牛乳
熟成時間	最少3個月
固體中乳脂肪含量	55%

洽詢　NIPPON MYCELLA

產地位在德國南部巴伐利亞自由邦的山岳地帶，這款別具一格的起司，是利用路德威黑啤酒這種深咖啡色啤酒加以洗浸所製成。過去由於巴伐利亞國王路德維希二世誕生的寧芬堡宮附近設有起司熟成庫，因此現在熟成時使用的啤酒，依舊採用來自巴伐利亞皇室後裔經營的路德威釀造廠。因此路德威黑啤酒起司包裝上，才允許使用路德維希國王肖像。

嚴格講究的
革命性起司

高山香草革命起司

Mountain Herbs Rebel

Käse Rebellen公司最具代表性的起司，混合了各種香草，例如迷迭香、奧勒岡、百里香、薰衣草所製成，可品嚐到辛香且清爽的香氣。

 外觀 質地柔軟細緻，呈現淡黃色。整塊起司摻雜了各式香草。

 風味 充滿香草香氣的辛香風味，也具有優質牛乳的堅果濃醇度。

 香氣 芳香宜人。具有乾草般的香氣，也帶有牛乳發酵後的香甜氣息。

 季節 一年四季。

DATA

種類	非加熱壓榨（半硬質）
產地	巴伐利亞自由邦
P.D.O年	無認證
原料乳	牛乳
熟成時間	最少3個月
固體中乳脂肪含量	50%

洽詢 NIPPON MYCELLA

Käse在德語有起司的意思，Rebellen則意指革命者，公司名稱充分表達出生產者欲掀起一番起司革命的氣魄，因此正如其名，僅使用單純食用阿爾卑斯山麓天然青草的牛隻所生產的原料乳，生產過程不厭其煩耗費大把時間，才將高山香草革命起司製造出來。

這份努力的苦心並沒有白費，此款起司在2009年榮獲BBC主辦的世界起司大賽（World Cheese Awards）冠軍。建議搭配酒體中等的紅酒，或清爽的皮爾森啤酒（Pilsener）一起享用。

加熱也美味的
德國版馬札瑞拉起司

史特佩起司

Steppen

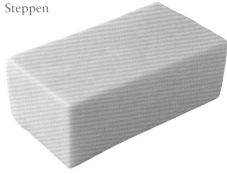

仿照義大利的馬札瑞拉起司，在德國巴伐利亞自由邦製作而成的起司。不過並非新鮮起司，而是屬於熟成後的半硬質起司。加熱後會有明顯牽絲，主要用於料理。

 外觀 長方體。無表皮，呈現象牙白色的緊實組織。

 風味 口感豐盛。具有沉穩的酸味與濃醇度，鹹味十分明顯。

 香氣 幾乎沒有突出的香氣。加熱後則會帶有些許如同奶油般的香氣。

 季節 一年四季。

DATA

種類	紡絲型起司（半硬質）
產地	巴伐利亞自由邦
P.D.O年	無認證
原料乳	牛乳
熟成時間	—
固體中乳脂肪含量	40%

洽詢 世界起司商會

仿照義大利的馬札瑞拉起司製作而成的起司，但是外型與口感迥然不同，屬於半硬質起司。加熱後會有明顯牽絲狀，可看出帶有紡絲型起司製法的痕跡。整體而言沒有強烈明顯風味，十分沉穩，一加熱就會散出香氣且會增添柔軟有彈性的牽絲口感。

可直接享用，用來製作焗烤、比薩、義大利麵等烤箱料理，則會變得更加美味。酒類方面可搭配辛味白酒一起享用。

奧地利

Austria

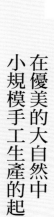

在優美的大自然中
小規模手工生產的起司

奧地利位於歐洲正中央，舉國支持有機生活，據說半數以上的國民，生活皆脫離不了有機食品。當然農業也是採用有機耕作，所以依循有機農法所生產的高品質原料乳，也製作出了安全且優質的起司。原料乳種類囊括牛乳、山羊乳、綿羊乳，產量也多，因此還會將原料乳輸出至歐盟各國。

奧地利最特別之處，就是即便長期受周邊各國影響，仍堅持在大自然中生產傳統起司。在與瑞士相鄰的提洛爾地區，利用脫脂乳製作而成的「提洛爾白黴起司（Tiroler Graukase）」，就是極具代表性的產品，但很可惜很少進口至日本。

奧地利國內消費的起司，以簡樸的硬質起司為主流。出口至日本的起司，則以藍黴起司或山羊起司等獨樹一格的起司為主。

＊身為歐盟一員的奧地利，受「P.D.O（原產地名稱保護）」制度規範，另外也有獨自制定的嚴格品質標準。

濃醇度、深奧度、芳香度兼具
名符其實的頂級藍黴起司

克拉哈起司

Kracher

以藍黴起司作為主角，
添加克拉哈公司高級貴
腐酒「Beerenauslese
（BA）」佐味加以追熟，
可突顯出貴腐酒的香甜，
也能增添獨特的濃醇度、
深奧度、芳香度。

外觀 象牙白色的組織中，深綠色的藍黴菌平均地混雜其中。

風味 果香十足且風味圓潤，呈現宜人的刺激性風味。

香氣 帶有果實般酸酸甜甜的香氣，再加上藍黴菌的奢華香氣巧妙融合著。

季節 一年四季。會以最佳狀態進行販售，因此擺在店面販售時就是最佳賞味時機。

DATA	
種類	藍黴
產地	東部
P.D.O年	無認證
原料乳	牛乳
熟成時間	—
固體中乳脂肪含量	55%

洽詢　起司王國

　　由Schrödinger乳製品公司、貴腐酒製造者亞洛伊斯‧克拉哈、侍起司師（Cheese sommelier）哈伯特‧休米多共同合作推出的起司。克拉哈公司高級貴腐酒「Beeren-auslese」的果香高雅風味，加上藍黴起司的奢華香氣與適度鹹味，達到絕妙的平衡。

　　享用時可仿照義式冰淇淋（Gelato）使用專用刀具攪拌，讓起司內部充滿空氣，將香氣完全襯托出來。

富含香草香氣
彌足珍貴的山羊乳起司

吉肯開塞多爾特起司

Ziegenkäsetorte

融合百里香、奧勒岡、迷迭香等南法香草，風味清爽的新鮮起司。高品質原料乳取自奧地利山羊，幾乎感覺不到山羊乳起司的獨特氣味。

外觀 高度較高的圓盤型。外側撒滿香草。內部為純白色。

風味 山羊乳的酸味與香草風味十分契合，呈現絕妙的清爽感。

香氣 可品嚐到南法風格清爽的香草香氣。不具有山羊乳特有的氣味。

季節 春天至秋天。尤其是可榨取到優質山羊乳的初夏季節，最為當令美味。

DATA	
種類	柔軟（山羊）
產地	東部
P.D.O年	無認證
原料乳	山羊乳
熟成時間	—
固體中乳脂肪含量	—

洽詢　起司王國

　　屬於新鮮類型的山羊起司，德語中的Ziegen意指山羊，Käse代表起司，Torte則有蛋糕的意思，用來形容外型類似整顆蛋糕的山羊起司。色彩繽紛的香草密實地覆蓋住起司，外觀十分華麗。

　　不具山羊起司特有的氣味，風味老少咸宜，所以很適合在派對中登場，也能搭配香檳等酒類一起享用。

比利時

Belgium

南北懸殊的文化
蘊釀出極富個性的
洗皮起司

比利時是在十九世紀從荷蘭獨立的新興國家，在北部的法蘭德斯地區使用荷蘭語系的法蘭德斯語，南部的瓦隆大區則使用法語系的瓦隆語。如今南北依舊各異其趣，擁有獨自的文化。起司類型也截然不同，北部起司與荷蘭起司類似，南部則偏向法國起司。

比利時屬於多民族國家，喜好各有不同，再加上融合周邊各國文化，因此釀造出來的比利時啤酒種類便高達1200～1500種以上，尤其是修道院製作的「修道院啤酒（Trappist beer）」更是遠近馳名。許多與法國歷史有關的起司，都是在基督教布教時，從中世紀開始推廣開來，比利時的起司也是從這個時期才開始生產。

「奇美起司（Chimay）」也是其中之一，大量出口至外國，滲透到世界各地。起司與啤酒的組合十分出眾，也常見在最後製程中使用啤酒洗浸的起司。雖然A.O.P認證的起司僅有「艾爾唯起司（Herve）」一種，但其他眾多起司也令人垂涎。

＊身為歐盟會員國之一的比利時，受原產地名稱保護制度規範，與法國同樣標記為「A.O.P」。

種類豐富的
比利時代表性起司
艾爾唯起司
Herve

比利時唯一獲A.O.P認證
的洗皮起司，表皮會經鹽
水洗浸，不過有些產品也
有使用當地啤酒或琴酒洗
浸。稍微回溫後香氣更加
明顯，與比利時啤酒尤其
對味。

 外觀 立方體或長方體。表
皮顏色會隨著不同熟
成時間呈現淡黃色至
橘色。

 風味 鹹味強烈的溫潤風
味。後味會留下獨特
的甜味。

 香氣 具有亞麻短桿菌特有
的強烈香氣。經酒洗
浸後的產品香氣較為
芳醇。

 季節 一年四季。在日本比
較難以取得。

DATA	
種類	柔軟（洗皮）
產地	瓦隆大區
A.O.P年	1996年
原料乳	牛乳
熟成時間	最少6個月
固體中乳脂肪含量	45%

洽詢 ALPAGE

　　這款洗皮起司因為外型的關係，另有馬賽
（Marseille）皂此一別名。原始尺寸為400公
克的長方體，但近年來200公克的正方體逐漸
變成主流。

　　除了用鹽水洗浸外，也會使用當地啤酒或
琴酒洗浸，所以起司類型十分多樣化。將400
公克的艾爾唯起司熟成超過8週的產品，稱作
「魯姆度起司（Remoudou）」，在比利時屬
於最頂級高貴的起司。

產自奇美修道院的
起司
奇美啤酒洗皮起司
Chimay à la Chimay Rouge

愛酒人士只要一聽到「奇
美（Chimay）」，應該就
會聯想到比利時啤酒。奇
美啤酒洗皮起司同樣發源
自奇美修道院，而「亞拉
洗皮起司（À la Rouge）」
則是利用該處所產啤酒洗
浸而成的產品，過去稱作
「亞拉比耶爾起司（à la
biere）」。

 外觀 表皮為鮮黃色至橘
色。內部為淡黃色，
質地充滿彈性。

 風味 具有奶香圓潤風味，
口感富有彈性，且帶
有甜味。

 香氣 具有源自「奇美啤
酒」洗浸液，如同果
實般的奢華香氣。

 季節 一年四季。

DATA	
種類	非加熱壓榨（洗皮）
產地	埃諾省
A.O.P年	無認證
原料乳	牛乳
熟成時間	—
固體中乳脂肪含量	45%

洽詢 ALPAGE

　　拜知名「修道院啤酒（Trappist beer）」
所賜，於十九世紀後半葉開始，奇美修道院
也開始少量生產起司。1982年推出用鹽水稍
微洗浸的「經典（Classic）」半硬質起司，
1986年推出以奇美啤酒洗浸的「亞拉比耶爾
起司（à la biere）」。後來熱衷投入於新產
品的開發，2013年更將過去長期珍藏的「奇
美朵雷啤酒（Chimay Dore）」予以商品化，
同時也隨之發表了最新款的洗皮起司。

143

荷蘭

▬ Netherlands

Netherlands

對近代日本起司
影響甚鉅的
起司出口大國

　　荷蘭國名Netherlands採用荷蘭語發音，有「低地之國」的意思，四分之一的國土皆低於海平面，被稱作polder的低窪開拓地占據國土極大比例。

　　自十三世紀起便開始推動填海造地計畫，逐步擴充領土，古時候更用「神創造了世界，荷蘭人創造了荷蘭」這句話來加以形容。

　　低窪開拓地如今是片綠意豐饒的牧草地，令人很難想像過去曾為一片汪洋大海，且受到洋流影響，氣候溫暖，很適合發展酪農業。雖然早在四世紀便開始製造起司，但是直到十三～十四世紀才開始正

式生產。酪農業急速發展的同時，善於治水的荷蘭早期運河便十分發達，十四世紀起開始出口起司，荷蘭最具代表性的高達起司（Gouda），也在十七世紀便引進日本。

　　今時今日荷蘭仍為世界聞名的起司出口大國，與荷蘭風車、鬱金香並列為觀光資源之一，也會舉辦起司節等慶典。

＊身為歐盟會員國之一的荷蘭，受「P.O.D（原產地名稱保護）」制度所規範，荷蘭語為「Beschermde Oorsprongsbenaming」，標記成「B.O.B」。本書則參考起司專業協會標記方式，標記成「P.D.O」。

全世界熱愛的荷蘭王牌起司

高達起司

Gouda

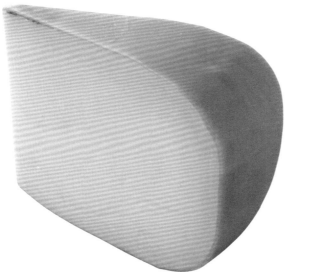

外觀 表皮覆蓋著黃色的蠟。內部為淡黃色至橘色的緊實組織。

風味 風味沉穩，無特殊氣味。熟成時間愈久，鮮醇味愈加濃縮，還會散發出如同烏魚子般的濃醇度。

香氣 具有堅果及奶油般的圓潤香氣。

季節 一年四季。在荷蘭會將5月的高達起司稱作「五月高達起司（May Gouda）」，也會舉行起司嚐鮮活動。

高達起司產量占荷蘭整體五成以上，出口至世界各國。4～9月每個星期五所舉辦的阿爾克馬爾起司市集（Alkmaar cheese market）中，所陳列出來的起司就是高達起司。有些高達起司還會加入蒔蘿等香料。

DATA	
種類	非加熱壓榨（半硬質、硬質）
產地	南荷蘭省
P.D.O年	無認證
原料乳	牛乳
熟成時間	最少30天
固體中乳脂肪含量	48%

諮詢 世界起司商會

　　高達起司一名取自位在鹿特丹近郊的小村落高達村，荷蘭語的發音為「Hauda」，十三世紀左右就被製造出來，現在更發展為足以代表荷蘭的起司。早在十四世紀便開始出口，為荷蘭重要的出口商品之一。當時在江戶幕府鎖國制度下，荷蘭為唯一的貿易對象國，因此高達起司於十七世紀才開始從長崎引進日本，也是現代日本在製作起司時最佳的參考依據。

　　不同的熟成時間會出現不同風味，1～48個月內不同熟成階段的產品市面上均有販售。熟成時間短的高達起司風味濕潤柔順，熟成時間愈久質地則會變得堅硬緊實，鮮醇度也會增加。據說起司專家通常會敲打起司，透過敲擊聲來判斷熟成程度。

　　熟成時間短的高達起司可搭配果香味的白酒，當地則習慣搭配拉格啤酒（Lager）。熟成超過1年的高達起司建議可搭配酒體飽滿的紅酒一起享用。

耐心熟成的
高級高達起司
老船長高達起司
Old Dutch Master

將精挑細選的高達起司（Gouda）耐心熟成1年後所製成的起司。使高達起司的濕潤感、飽滿的濃厚度、鮮醇度完全濃縮起來，所以組織緊實，更可品嚐到豐盈口感。

 外觀 圓盤型。以黑蠟包覆。內部呈現泛著咖啡色的黃色。

 風味 長時間熟成後所形成的芳醇濃厚度、深邃風味、鮮醇度，尤其獨樹一格。

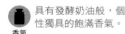 **香氣** 具有發酵奶油般，個性獨具的飽滿香氣。

 季節 一年四季。

DATA	
種類	非加熱壓榨（硬質）
產地	菲士蘭省
P.D.O年	無認證
原料乳	牛乳
熟成時間	1年
固體中乳脂肪含量	52%

洽詢　野澤組

　　將荷蘭最具代表性的高達起司，經耐心熟成後所製成的高級起司，2004年更榮獲世界起司大賞金牌獎。濃縮後的鮮醇美味果真不負荷蘭霸主之美名，令人忍不住想分切成一口大小或是片成薄片，直接品嚐熟成後的絕美滋味。搭配水果當作前菜享用也十分美味。酒類方面則推薦酒體中等～飽滿的紅酒，或是與風味濃醇的啤酒一起享用。

採用嚴選牛隻原料乳製作而成的
皇家御用起司
貝姆斯特爾精典起司
Beemster Classic

貝姆斯特爾起司當中，經18個月熟成後的起司就叫作貝姆斯特爾精典起司。藉由熟成過程，會形成結晶化的鮮醇成分氨基酸，賦予貝姆斯特爾精典起司沙沙的口感。

 外觀 圓盤型。以蠟包覆。內部為泛著咖啡色的黃色。

 風味 風味綿密，濃醇度與甜味會整個擴散開來，具有深邃的味道。

 香氣 具有芳醇且濃厚飽滿的奶香味。

 季節 一年四季。

DATA	
種類	非加熱壓榨（硬質）
產地	北荷蘭省
P.D.O年	無認證
原料乳	牛乳
熟成時間	18個月
固體中乳脂肪含量	51%

洽詢　CHESCO

　　產地位於荷蘭西部北荷蘭省的起司，這一帶過去屬於低於海平面以下的填海造地區域，土壤富含礦物質，所使用的原料乳，便來自此地生長的牛隻。

　　2001年受認證為荷蘭皇室御用起司，唯有達到嚴格品質標準的產品，才允許打上徽章。除了經典起司（Classic）之外，還有熟成6個月的「高級起司（Premium）」、26個月的「特級陳年起司（Extra Old）」等不同種類。

在外太空也吃得到的
人氣牛乳起司

陳年阿姆斯特丹起司

Old Amsterdam

屬於高達起司（Gouda）
的一種，經18個月熟成後
的起司。原料乳的新鮮度
十分講究，僅使用當日現
榨牛乳製作。

 外觀　用純黑色的蠟包覆起來。深卡士達色的質地散布著氣孔。

 風味　具有牛乳甜味，且帶有沉穩的鮮醇味、芳醇深奧的濃厚風味。

 香氣　具有濃醇深邃如同奶油般的香氣，且帶有堅果般的香味。

 季節　一年四季。

DATA	
種類	非加熱壓榨（硬質）
產地	北荷蘭省
P.D.O年	無認證
原料乳	牛乳
熟成時間	18個月
固體中乳脂肪含量	51%

洽詢　NIPPON MYCELLA

以荷蘭首都為名，Westland公司的代表作，支持者眾多，荷蘭藉的安德雷·庫伊伯斯（André Kuipers）太空人是這款起司的忠實粉絲，2011年更應他的要求，將起司送往太空中。

具有熟成起司的濃厚鮮醇度，卻少了特殊氣味，無論起司行家或起司入門者都能開心品嚐，屬於老少咸宜的風味。搭配酒類的話，建議與風味醇厚的紅酒或啤酒一起享用。

體積雖小
卻能得到大大滿足的高級風味

迷你高達起司

Baby Gouda

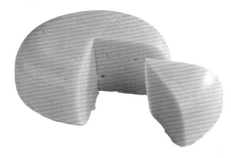

正統的高達起司直徑約35公分，高有10～12.5公分，重量約12公斤。而300～600克左右，體型較小的高達起司則統稱為「迷你高達起司」。照片上的為300公克左右的迷你高達起司，風味溫潤富奶香味。

 外觀　包裝於紅色膠膜中。無表皮，組織具彈性，呈現淡黃色。

 風味　非常溫潤且絹密。口感柔軟有彈性，風味溫和。

 香氣　可品嚐到些許如同奶油般的乳香味。

 季節　一年四季。

DATA	
種類	非加熱壓榨（半硬質）
產地	菲士蘭省
P.D.O年	無認證
原料乳	牛乳
熟成時間	最少30天
固體中乳脂肪含量	48%

洽詢　野澤組

將最大可重達12公斤左右的高達起司，製作成體積較小的迷你高達起司，以方便食用。

使用的凝乳與一般高達起司相同，但在成型時縮小尺寸，從鹽水取出後，便直接裝入紅色膠膜中靜待熟成。比起用Fromacoat（油狀的包材）包覆的產品更無特殊氣味，呈現出圓潤的風味。口感柔軟，最適合用作三明治的餡料。酒類則建議與果香味的白酒一起享用。

受全世界上百國家喜愛的低脂起司

埃德姆起司

Edam

荷蘭

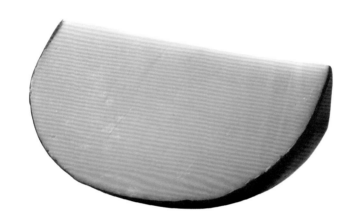

產量僅次於高達起司，也是荷蘭最具代表性的起司之一。脂肪含量低，風味清爽，因此有人甚至稱之為「減肥起司」。經熟成後變硬的埃德姆起司會磨碎成粉狀，時常被用作烹調使用。

外觀	球狀。出口用的埃德姆起司會以紅色蠟包覆。質地為深奶油色。
風味	熟成時間短的埃德姆起司，具有溫潤的濃醇度，以及類似奶油般的風味。後味則會感覺到微微的酸味。
香氣	香氣沉穩。熟成愈久香氣愈發濃烈。
季節	一年四季。

DATA	
種類	非加熱壓榨（硬質）
產地	菲士蘭省
P.D.O年	無認證
原料乳	牛乳
熟成時間	最少120天
固體中乳脂肪含量	40%

洽詢　世界起司商會

　　十七世紀時，荷蘭會在北部城鎮埃德姆將起司裝船後運往世界各地，埃德姆起司一名便來自於這座小城鎮。出口用的埃德姆起司會以紅色蠟包覆，由於顏色與外型的關係，在日本習慣稱之為「紅玉」，且眾所皆知。不過在荷蘭境內販售的埃德姆起司，則會以原始的黃色蠟包覆。

　　當地一般會將熟成時間短、質地柔軟的埃德姆起司切成薄片直接食用。在日本大多會將經熟成變硬後的埃德姆起司磨碎成粉狀，於烹調時使用。1980年代左右，當時的日本還無法輕易取得義大利生產的起司粉，因此印象中的起司粉多由埃德姆起司所製成。而且不同的熟成階段會有不同的用途，所以也會區分成硬質與柔軟。

　　若想直接品嚐，建議搭配辛味的白酒、果香味的紅酒、啤酒等清爽酒類一起食用。料理成起司餅乾也十分好吃。

千變萬化的風味與繽紛鮮明的色彩
令人樂在其中

巴席隆起司

Basiron

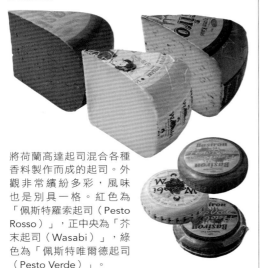

將荷蘭高達起司混合各種香料製作而成的起司。外觀非常繽紛多彩，風味也是別具一格。紅色為「佩斯特羅索起司（Pesto Rosso）」，正中央為「芥末起司（Wasabi）」，綠色為「佩斯特唯爾德起司（Pesto Verde）」。

 外觀　不同風味會呈現極大的顏色變化。質地柔順，具有彈性。

 風味　不同變化會有不同風味，不過基底起司的風味圓潤且綿密。

 香氣　紅色與綠色的辛香味強烈。芥末口味則會散發出微微香氣。

季節　一年四季。較常趁尚未熟成時享用。

DATA	
種類	非加熱壓榨（半硬質）
產地	南荷蘭省
P.D.O年	無認證
原料乳	牛乳
熟成時間	—
固體中乳脂肪含量	50%

洽詢　世界起司商會

　　巴席隆起司是由1884年創業的Veldhuyzen Kaas公司所推出，屬於變化豐富的荷蘭起司，種類共有18種。綠色的「佩斯特唯爾德起司（Pesto Verde）」為青醬（羅勒與蒜頭醬）口味，紅色的「佩斯特羅索起司（Pesto Rosso）」為混合番茄與奧勒岡的義大利口味，在日本也廣為人知。另有迎合日本口味，拌入辣根（西洋芥末）的「芥末起司（Wasabi）」。可以直接享用，也能用於比薩或義大利麵等料理當中。

藍黴風味不會過分突出
老少咸宜的起司

格雷弗司藍黴起司

Bleu de Graven

產自南荷蘭省，難得一見的荷蘭藍黴起司。格雷弗司藍黴起司足以作為荷蘭藍黴起司（Dutch Blue）的代表，會以仿照台夫特藍陶（Delfts Blauw）設計的膠模緊密包覆起來。

 外觀　奶油色的質地當中遍布著深色的藍黴菌。

 風味　風味溫潤。藍黴起司刺激性的風味並不明顯。質地黏稠，具濃醇度。

 香氣　帶有些許藍黴起司的奢華香氣，也能品嚐到牛奶香氣。

 季節　一年四季。

DATA	
種類	藍黴
產地	南荷蘭省
P.D.O年	無認證
原料乳	牛乳
熟成時間	—
固體中乳脂肪含量	50%

洽詢　世界起司商會

　　Veldhuyzen Kaas公司的特製起司之一，屬於難得一見的荷蘭製造藍黴起司，也是該公司唯一的藍黴起司。

　　風味高雅綿密，很適合用於千層麵或比薩等加熱料理當中。溫潤且富含鹽分，可突顯出料理的風味，當然也能裝點成起司盤享用。與具有果香的清爽發泡酒十分對味，例如荷蘭啤酒「海尼根（Heineken）」等等。

北歐
Nordic

參考歐洲起司製作而成
囊括近代化起司與
北歐特色起司

挪威海
Norwegian S

England
英國

北歐各國以丹麥、挪威、瑞典等國家為主，尤其這三國更統稱為斯堪地那維亞。被夾在北海與波羅的海之間的丹麥，周邊屬於西歐氣候。斯堪地那維亞半島中心地帶則為高濕度的大陸型氣候，愈往北部便轉為凍原氣候，屬於氣候變化多端的地區。

生長在清澈空氣中的牧草鮮甜無比，動物食用後便能產出優質原料乳，然後製造出美味起司。

北歐的起司大多以歐洲起司作為參考依據，但除此之外，也有將乳清加熱後製作成風味獨具的半硬質起司。聽說與瑞典相鄰的芬蘭，過去便有生產北極圈特有、使用馴鹿乳製成的起司。直到現在也還能吃得到將凝乳（Curd）燒烤後製作而成的「Leipäjuusto（為芬蘭語，意指麵包起司）」，口感十分耐嚼。

Ireland
愛爾蘭

挪威
Norway

瑞典
Sweden

Gulf of
Bothnia
波的尼亞灣

Denmark
丹麥

Baltic Sea
波羅的海

丹麥

🇩🇰 Denmark

Denmark

清澈的北歐空氣與
溫暖氣候下
蘊育出丹麥特有的起司

　　北歐各國當中，酪農產品生產及出口最為鼎盛的國家，就是丹麥。受惠於春季至夏季豐沛降雨量與溫暖氣候，十分適合發展酪農產業。

　　但是直到近一百年來，才開始大規模生產起司，且自十九世紀末起，才視為國家產業，開始以歐洲起司為參考依據生產起司。尤其在第二世界大戰後，因應周邊鄰國需求下，起司的生產製造才開始發展起來，出口量大增。現在備受世界各地喜愛的「薩姆索起司（Samsoe）」與「馬里博起司（Maribo）」，就是丹麥特有，並於戰後才命名的起司。

　　丹麥起司在生產時實行嚴密的品質管理，最大特色是沒有特殊氣味，風味沉穩，迎合各國每個地區的口味，就連日本也是很早便開始進口丹麥生產的起司。

＊身為歐盟會員國之一的丹麥，受「P.D.O（原產地名稱保護）」制度規範，但是國內沒有任何起司獲P.D.O認證，僅有部分起司取得標準較為寬鬆的「P.G.I（地理標示保護制度）」認證。

丹麥最具代表性的親切好味道

薩姆索起司

Samsoe

過去被稱作「薩姆索・琳德起司（Samsoe Lind）」，以圓盤型為主流。所謂的Lind，就是愛心型起司的堅硬表皮。現在一般多為四角型且無表皮的「Lindless」起司。沒有特殊氣味，可廣泛運用於料理當中。

 外觀 無表皮。呈現偏黃色的象牙白色。組織緊實，且具有圓形氣孔。

 風味 具有類似奶油般的酸味與甜味。風味溫潤不具特殊氣味。加熱後會融解成十分滑順的狀態。

 香氣 帶有微微的甜味，且具有奶油般的香氣。熟成後的產品也會散發出榛果般的堅果香氣。

季節 一年四季。熟成5個月以上的產品鮮醇味會更加明顯。

DATA	
種類	非加熱壓榨（半硬質）
產地	薩姆索島
P.D.O年	無認證
原料乳	牛乳
熟成時間	8〜10週以上
固體中乳脂肪含量	45%

諮詢 世界起司商會

Denmark

以瑞士的格呂耶爾起司（Gruyère ➡ p.126）為參考依據製作而成，為丹麥代表性的起司。十九世紀以前，丹麥是個以種植穀物為主的農業國家。1870年代受美國及俄羅斯低價穀物進口衝擊之下，被迫轉換產業結構。當時的丹麥國王克里斯蒂安九世，眼見英國酪農產品需求量大升，於是當機立斷轉型成酪農產業，更從瑞士招聘專家，研發出薩姆索起司。

薩姆索起司最大特色就是帶有微微的溫和甜味，風味沉穩且不具特殊氣味，迎合吃不習慣天然起司的日本人胃口，長期出口至日本。加熱後風味會突顯出來，融化後質地滑順，因此主要作為比薩用起司。

薩姆索起司產自位在日德蘭半島與西蘭島之間的小島（薩姆索島），這也是其命名的由來。

依循高達起司製法製作而成的人氣起司

馬里博起司

Maribo

丹麥

外觀
無表皮，呈淡黃色。入模後幾乎不會再另行加熱，因此內部會散布著微小氣孔。

風味
無特殊氣味，風味沉穩。質地較為粗糙，具有彈性。也帶有微微的酸味。

香氣
香氣沉穩，幾乎沒有特殊氣味。加熱後很容易牽絲，會散發出起司的香氣。

季節
一年四季。

DATA	
種類	非加熱壓榨（半硬質）
產地	洛蘭島
P.D.O年	無認證
原料乳	牛乳
熟成時間	－
固體中乳脂肪含量	45%

諮詢　世界起司商會

精通起司的人，一定都聽過馬里博起司，但卻鮮少有人知道這是產自丹麥的起司。馬里博起司與薩姆索起司（Samsoe ➡ p.153）一樣，一般多為四角型無表皮的起司。

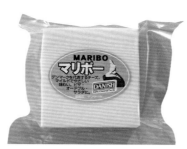

　　丹麥的起司大多是仿照歐洲各國起司製作而成，與薩姆索起司十分雷同的馬里博起司，就是依照荷蘭的高達起司（Gouda ➡ p.145）製法製作而成的起司。馬里博起司在入模後幾乎不會再加壓，僅靠起司天然的重量將乳清排出，因此有別於高達起司，內部會形成不規則的細微氣孔，但是不會形成自然的表皮，所以會以蠟或膠膜保護，加以熟成。

　　馬里博起司在丹麥的起司出口市場上，與薩姆索起司並駕其驅，皆為深具代表性的起司。風味溫潤且沉穩，廣受一般人喜愛。最大特色就是為了方便運送，所以產品多以四角型為主流。

　　馬里博起司一名取自位於西蘭島南部的洛蘭島某個城鎮，且直到第二次世界大戰後才予以命名，成為丹麥特產的起司。事實上，丹麥起司已成為全世界一種新興的起司種類。

哈伐第起司

出自農婦之手
丹麥最古老的起司進化版

Creamy Havarti

在製造過程中，凝乳與凝乳之間會形成縫隙，使內部出現小小的不規則孔洞，稱之為物理性孔洞（Mechanical hole）。

 外觀 圓筒型的無表皮起司。內部布滿許多小小的孔洞。

 風味 帶有如同奶油般的甜味與濃醇度。熟成超過3個月的產品，風味會更加深邃。

 香氣 帶有微微的香甜氣息。

季節 一年四季。

DATA

種類	非加熱壓榨（半硬質）
產地	日德蘭半島
P.D.O年	無認證
原料乳	牛乳
熟成時間	
固體中乳脂肪含量	60%

洽詢 NIPPON MYCELLA

　　十九世紀中葉，由丹麥農婦漢娜‧尼爾森製作出來的哈伐第起司，被公認為丹麥最古老的起司。一開始是以丹麥版的瑞士起司「堤爾吉塔起司（Tilsiter）」打出名號，而哈伐第起司一名則取自漢娜‧尼爾森位在哥本哈根北部的牧場名稱。哈伐第起司脂肪含量較高，使成品呈現出綿密口感，也能抑制其稍微強烈的特殊氣味，使人容易入口。現在市面上多以哈伐第起司為主流。

馬札瑞拉起司

半硬質的
馬札瑞拉起司

Mozzarella

這款半硬質的馬札瑞拉起司歐洲各地皆有生產，雖與義大利的馬札瑞拉起司（Mozzarella ➡ p.115）同名，但外型迥然不同，也會加以熟成。風味適合搭配各式食材，葡萄酒方面則適合清爽的白酒或玫瑰紅酒。

 外觀 偏白色且具有光澤。組織緊實滑順，無表皮。

 風味 口感富有彈性。酸味恰到好處，風味溫潤。

 香氣 幾乎沒有香氣。加熱後會飄散出如同奶油般的濃醇香氣。

 季節 一年四季。熟成4～6週為最佳賞味時機。

DATA

種類	紡絲型起司（半硬質）
產地	日德蘭半島
P.D.O年	無認證
原料乳	牛乳
熟成時間	—
固體中乳脂肪含量	40%

洽詢 ORDER-CHEESE

　　丹麥生產的馬札瑞拉起司，柔軟且具有彈性，雖採用紡絲型起司製法製作而成，但是可撕裂成纖維狀的特徵並不明顯，不過加熱後很容易牽絲。

　　義大利生產的馬札瑞拉起司水分含量為55～62%，反觀丹麥的馬札瑞拉起司，其水分含量卻控制在45～52%，使保存性更佳，烹調時更為簡便。

　　風味溫潤，且大多會加工成起司絲。

以羅克福起司強勁對手自居

丹麥藍起司

Danablu

外觀	組織緊實，呈乳白色。青綠色的藍黴菌使整塊起司形成條紋圖案。具有不規則的氣孔。
風味	在舌頭上會出現尖銳的感覺，具有藍黴起司特有的刺激性辛味與鹹味。水分含量較少，質地偏堅硬。
香氣	具有會讓人聯想到菇類的香氣，也帶有藍黴起司刺鼻的氣味。
季節	一年四季。

DATA	
種類	藍黴
產地	日德蘭半島
P.D.O年	2006年
原料乳	牛乳
熟成時間	2～3個月
固體中乳脂肪含量	50%

諮詢　NIPPON MYCELLA

仿照法國羅克福起司（Roquefort ➡ p.82）製作而成的藍黴起司。上市當時的名字也取作「丹尼休・羅克福起司（Danish Roquefort）」，但在法國抗議下，改名為「丹尼休藍黴起司（Danish Blue）」，現在則統一稱作「丹麥藍起司（Danablu）」。

丹麥

　　1874年由漢娜・尼爾森模仿法國羅克福起司（Roquefort），製成出口外國專用的藍黴起司。

　　為與法國正統的羅克福起司互別苗頭，在市面上推出「丹尼休・羅克福起司（Danish Roquefort）」，此時法國為保護羅克福起司一名提出嚴正抗議，爾後制定A.O.C制度的前身，促使A.O.C制度的成立。

　　丹麥起司以出口為主，重視耐長期運送保存的穩定品質，因此才能在世界各國的餐桌上一窺

芳踪。第一個引進日本的藍黴起司，就是這款丹麥藍起司。與綿羊乳製的羅克福起司相較之下，牛乳製的丹麥藍起司無特殊氣味，且風味溫潤。現在多使用品質均一的殺菌乳來製作，也是丹麥起司唯二受P.G.I認證的起司之一。

產自丹麥孤島的夢幻藍黴起司

米瑟拉起司
Mycella

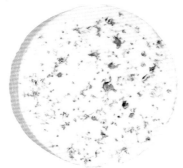

這款藍黴起司是備受好評的「隱藏版極品」。丹麥生產的起司以出口為主要目的，但是米瑟拉起司卻相當罕見地幾乎不會出口至外國，甚至曾一時中止生產。

 外觀 無表皮。組織滑順，呈現淡淡的奶油色，且有藍黴菌混雜其中。

 風味 具有牛乳的濃醇度與甜味，可品嚐到藍黴起司刺激性的風味，且鹹味溫潤。

 香氣 具有奢華的藍黴起司香氣。

 季節 一年四季。

DATA	
種類	藍黴
產地	博恩霍姆島
P.D.O年	無認證
原料乳	牛乳
熟成時間	約2個月
固體中乳脂肪含量	60%

諮詢 NIPPON MYCELLA

　　漂浮在波羅的海上的孤島博恩霍姆島，距離丹麥本土較遠，位於瑞典南部，俗稱「波羅的海上的寶石」，景色樸實美麗。

　　米瑟拉起司原本是參考義大利古岡左拉起司（Gorgonzola ➡ p.102）製作而成的藍黴起司，但是原料乳來自博恩霍姆島上的牛隻，多食用滋味豐富的牧草，因此風味獨樹一格，在市面上備受好評，為博恩霍姆島引以為傲、獨一無二的藍黴起司。

口感柔順的
綿密風味

卡斯特洛藍黴起司
Castello® Creamy Blue

十角型的卡斯特洛藍黴起司會切半包裝起來販售。與同樣出自卡斯特洛的丹麥藍起司（Danablu ➡ p.156）具有迥然不同的風味。藍黴起司的特色較為收斂，口感綿密且柔軟。

 外觀 呈現淡淡的奶油色。青綠色的藍黴菌如同大理石花紋般混雜其中。

 風味 風味綿密。口感佳，十分沉穩。具有稍微明顯的鹹味。

 香氣 香氣溫潤，且具有微微的藍黴起司香氣。

 季節 一年四季。最佳賞味時機為藍黴菌轉變成咖啡色之前。

DATA	
種類	藍黴
產地	日德蘭半島
P.D.O年	無認證
原料乳	牛乳
熟成時間	約15天
固體中乳脂肪含量	70%

諮詢 NIPPON MYCELLA

　　由丹麥起司品牌「卡斯特洛」於1960年代推出的產品，屬於藍黴菌刺激尖銳風味較為內斂的藍黴起司，口味老少咸宜，口感柔軟別具一格。由於風味沉穩容易入口，因此也推薦給初次挑戰藍黴起司的人品嚐。雖然鹹味較為強烈，但是用於烹調時，可展現出恰到好處的濃醇度。很適合用在歐姆蛋等蛋類料理中，十分百搭。葡萄酒方面則適合搭配濃郁的紅酒。

將卡斯特洛
一舉拱上知名品牌
卡斯特洛白黴起司
Castello® Creamy White

風味溫潤、綿密的白黴起司。靈感來自酸奶油與苦甜巧克力，充滿乳香味。可搭配堅果、葡萄乾，以及法國阿爾薩斯地區充滿香氣的白酒。

DATA	
種類	柔軟（白黴）
產地	日德蘭半島
P.D.O年	無認證
原料乳	牛乳
熟成時間	
固體中乳脂肪含量	70%

洽詢 NIPPON MYCELLA

　　「卡斯特洛」是雷斯摩・索斯卓普於1893年創立的起司品牌。

　　引領索斯卓普（Tholstrup）公司一舉成名的起司，就是這款卡斯特洛白黴起司。這是由創始人的兒子亨利以瑞典起司為靈感來源，花費超過10年以上的歲月研發而成的起司，具有清爽的酸味與乳香濃醇度。口感綿密滑順且入口即化，在丹麥生產的起司中前所未見，於國內外皆人氣鼎盛。

日本人偏好的
沉穩風味
友誼卡門貝爾起司
Friendship Camembert

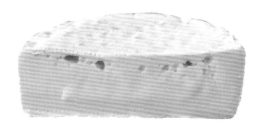

重125公克，可一口完食的大小。組織紮實，不易崩散，適合料理成炸起司或燒烤料理。置於常溫回軟後，搭配辛味的葡萄直接享用也十分美味。

DATA	
種類	柔軟（白黴）
產地	—
P.D.O年	無認證
原料乳	牛乳
熟成時間	
固體中乳脂肪含量	50%以上

洽詢 Murakawa

　　友誼卡門貝爾起司是種裝入密封容器中，以利樂包殺菌法包裝而成的耐長時間保存型起司。在滑順的表皮下，內部質地綿密且具有彈性，富含丹麥起司特有的溫潤風味。

　　想直接品嚐時，須置於室溫下等到完全回軟，再搭配辛味的葡萄酒，享受滑順且入口即化的口感。與任何食材皆十分對味，因此也可用於加熱料理中。

丹麥

随著起司蛋糕風氣普及開來的
奶油起司

亞拉布可起司

Arla BUKO®

廣泛用於製作起司蛋糕的
新鮮起司。丹麥生產的產
品不但價值宜人且品質優
良，因此在日本也十分受
到歡迎。沒有特殊氣味，
風味老少咸宜。

 外觀 純白且具有光澤，組
織細緻。質地滑順且
紮實。

 風味 帶有酸味與微微的甜
味。風味綿密，不具
特殊氣味，十分清
爽。

 香氣 幾乎沒有香氣，但是
帶有微微的乳香味。

 季節 一年四季。

DATA	
種類	新鮮
產地	日德蘭半島
P.D.O年	無認證
原料乳	牛乳
熟成時間	無
固體中乳脂肪含量	—

洽詢 CHESCO

　　「BUKO」是由Arla公司所生產的奶油起
司，總公司設在奧胡斯，為歐洲規模最大的乳
製品公司。丹麥語中的「BU」為牛的叫聲，
「KO」則是牛的意思。這款起司的原料乳來
自丹麥的新鮮牛乳，質地滑順。
　　Arla公司的起司，以黃色花朵作為公司標
誌。這種黃花正是丹麥宣告春天來了的「菟葵
屬」，在日本則稱為節分草。

改進希臘「菲達起司」
變得更為美味且隨手可得

亞佩堤那菲達起司

Apeteina® FETA

有容量150公克的玻璃瓶
裝，也有內含黑橄欖，容
量79公克塑膠袋包裝的產
品。內部的液體可以淋在
沙拉上，作為醬汁使用。

 Denmark

 外觀 白色的立方體。浸泡
在內含香草及辛香料
的油中。

 風味 口感鬆散。受到油的
影響，鹹味較不明
顯。

 香氣 具有如同醬汁般的辛
香氣味，幾乎品嚐不
到起司的香氣。

季節 一年四季。

DATA	
種類	新鮮
產地	日德蘭半島
P.D.O年	無認證
原料乳	牛乳
熟成時間	
固體中乳脂肪含量	64%

洽詢 CHESCO

　　希臘的新鮮起司「菲達（FETA）」，早
在西元前便已經被製作出來，傳統的菲達起司
會使用綿羊乳及山羊乳來製作，為P.D.O認證
起司。強烈的鹹味與綿羊乳的濃醇度為其一大
特色，具有鬆散的獨特口感。
　　丹麥生產的菲達起司則是使用牛乳製成，
具有濃厚的牛乳風味與獨特口感，會直接浸泡
在充滿辛香味的油中，形成多汁的產品。在油
中加入檸檬或醋後，就能直接當作醬汁使用。

挪威

🏴 Norway

Norway

維京時代傳承至今的
天然低脂藍黴起司

　　挪威擁有複雜陡峭的峽灣（意指受冰川侵蝕所形成錯綜密布的峽谷），以及海岸線綿長南北延伸的國土。占據斯堪地那維亞半島整個西半部的挪威，有25%的國土為森林，林漁業興盛。

　　山脈縱貫挪威國土，北方為凍原地帶，因此農耕地面積僅佔國土3%左右，而且大部分皆發展酪農產業。

　　八～十一世紀左右，斯堪地那維亞為「維京海盜」的活動據點，一般推測是受到了遠征及交易帶動下，才會導入歐洲起司。例如「古代起司（Gammelost）」據說就是維京時代下的產物，製造過程中並未使用酵素，而是利用低脂乳所製成的天然藍黴起司。除此之外，還有類似高達起司的半硬質起司「挪爾北吉亞起司（Norvegia）」等等。另外也有源自亞洲，使用加熱濃縮法製成的起司引進挪威，還有類似在挪威被稱作咖啡色起司（Brunost）的「傑托斯特起司（Gjetost）」，這種獨特的起司就是利用乳清（Whey）所製成。

＊丹麥並無加入歐盟會員國，因此不受「P.O.D（原產地名稱保護）」制度規範。

山羊乳風味清淡
近似焦糖的山羊起司
傑托斯特起司
Gjetost

產自挪威的山羊乳起司，在日本以「斯奇皇后起司（Ski Queen）」一名於市面上流通。外層所包覆的紅色焦糖層十分可愛。食用時可如外包裝所示，用切片刀片成薄片即可。

 外觀 呈現深焦糖色，質地緊實，且散發出光澤。

 風味 具有如同焦糖般的風味。口感黏稠。

 香氣 帶有焦香的甜密乳香味，也能品嚐到微微的山羊乳香氣。

 季節 一年四季。

DATA
種類	新鮮 ＊有些產品被歸類於半硬質起司
產地	奧普蘭郡
	無認證
原料乳	牛乳、山羊乳（乳清）
熟成時間	—
固體中乳脂肪含量	35%

洽詢　三祐

在挪威語當中的「Gjet」意指山羊，「Ost」則有起司的意思，而傑托斯特起司（Gjetost）原本就是利用山羊乳製作而成的起司，但是現在多以牛乳的乳清，再加上牛乳、山羊乳、乳脂製作而成。

除了外觀近似焦糖外，將牛乳熬煮至濃稠的製法與口感，也與焦糖十分類似，味道幾乎就和焦糖一模一樣。在冷藏狀態下品嚐時，後味可以感覺到稍微強烈的山羊乳香氣。在挪威則會片成薄片當作早餐食用。

老少咸宜的綿密洗皮起司
騎士起司
Ridder

「Ridder」在挪威語有騎士的意思，也可用來形容特色明顯的風味。若為一整顆完整的騎士起司，不太會散發出洗皮起司特有的香氣。分切後幾乎就和半硬質起司一樣。

 外觀 表皮呈現稍具黏性的橘色。內部為偏淡白色的黃色。

 風味 口感濕潤，如同奶油般綿密。沒有特殊氣味，風味圓潤。

 香氣 幾乎感覺不到洗皮起司的特殊氣味。

 季節 一年四季。

DATA
種類	非加熱壓榨（洗皮）
產地	摩雷‧羅姆休達爾郡（Lom. Romujudaru）
	無認證
原料乳	牛乳
熟成時間	—
固體中乳脂肪含量	60%

洽詢　ORDER-CHEESE、三祐

騎士起司誕生於1969年，屬於風味溫潤的洗皮起司，製造商為挪威規模最大的乳製品廠商TINE公司，所謂的TINE就是挪威用來盛裝奶油或起司的傳統木製容器。

雖然騎士起司具有洗皮起司特有的橘色黏稠表皮，但幾乎沒有特殊氣味，且加熱後更能品嚐到圓潤的風味。也很適合用來料理成簡單的起司吐司。

英語系國家

Anglosphere

製作歷史與文化
起源自英國切達起司
進而發展出多樣化的起司

United States of America
美國

North Pacific Ocean
北太平洋

The North Ocean
北海

New Zealand
紐西蘭

Atlantic Ocean
大西洋

United Kingdom
英國

Atlantic
大西洋

　　英語系許多國家，當地有很多移民皆來自英國，深受英國文化薰陶。來自英國的移民一來到移民地便開始製作切達起司（Cheddar），使切達起司在世界各地普及開來。

　　而美國是目前全世界起司產量最多的國家。從歷史上來看，美國的移民眾多，在西海岸以義大利人與西班牙裔為主，中西部則有德國、北歐、荷蘭人群聚，東海岸則是英國人、法國人、東歐人為大宗，並形成各自的文化。而美國會生產出各式各樣的起司，可能也是因為來自世界各地的人們渴望品嚐祖國起司的緣故。

　　現在傳承而來的製法與知識日新月異，大家也十分熱衷研發更美味的起司，甚至創造出風味獨一無二的起司。

英國、愛爾蘭
🇬🇧🇮🇪 United Kingdom, Ireland

傳統與現代並存的英式起司

　　英國為海洋型氣候，冬暖夏涼，國土有極大比例為農地與牧草地。尤其西南部終年多雨，牧草不乏雨水灌溉。目前世界各地皆有生產切達起司，其原產地便位在英國西南部四郡，在這裡依照傳統製法生產出來的切達起司被稱作「西部鄉村農家切達起司（West Country Farmhouse Cheddar）」，受P.D.O（原產地名稱保護）制度所保障。

　　由於第二次世界大戰後，傳統起司農家銳減，就連英國最古老的「柴郡起司（Cheshire）」也開始在傳統產地以外的地方大量生產，所以這些起司無法受到P.D.O認證保障。因此在1993年加入歐盟後，只有切達起司（Cheddar）與斯蒂爾頓起司（Blue Stilton）經P.D.O認證，被列為傳統的英國起司。

　　目前英國為推出更美味的起司，針對傳統英式起司的製作方式進行研討，後來更在1980年推出「現代英式起司」，且頗受大眾青睞。

足以讓英國傲視全世界的藍黴起司傑作

斯蒂爾頓起司

Blue Stilton

世界三大藍黴起司之一，
只限榮獲許可的數家公司
（2015年當時為6家），
於萊斯特郡、德比郡、諾
丁罕郡這三個地方生產。

外觀 表皮泛著灰色，有白黴菌繁殖。內部有藍黴菌，如同大理石花紋般遍布。

風味 熟成時間短的斯蒂爾頓起司具有刺鼻的藍黴起司風味，且帶有微微的甜味。熟成時間愈久，就會轉變成帶有苦味的強烈風味。

香氣 氣味強烈。具有直竄鼻腔的藍黴起司特殊氣味。

季節 一年四季。據説11月～隔年4月左右的產品品質尤其優異。

DATA	
種類	藍黴
產地	英國・萊斯特郡等地
P.D.O年	1996年
原料乳	牛乳
熟成時間	最少8週
固體中乳脂肪含量	最低484%

洽詢 世界起司商會

斯蒂爾頓是一座城鎮的名字，位在距離倫敦約120公里遠的北方，不過斯蒂爾頓起司的產地並非位於此地，而是因為《魯濱遜漂流記》的作者丹尼爾・笛福曾曾在斯蒂爾頓的「貝爾旅館」享用到美味起司，大獲好評後才開始以此稱呼。他在著作《Tour through the villages of England & Wales》一書中，便以「English Parmesan（英國的帕馬森起司）」來介紹斯蒂爾頓起司（Blue Stilton）。

斯蒂爾頓起司質地黏稠，具有濃醇度，風味尖銳且帶有藍黴起司特有的些許苦味，後味會散發出如同蜂蜜般的甜味。與羅克福起司（Roquefort ➡ p.82）以及古岡左拉起司（Gorgonzola ➡ p.102）一起被稱作世界三大藍黴起司，實至名歸。具有獨特的甜味與醇厚度，相當適合用來搭配波特酒，也與雪利酒及馬德拉酒十分對味。而且據説英國在慶祝聖誕節時，會習慣將斯蒂爾頓起司裝入陶製的起司罐中當作禮物。

鮮橘色襯托下的
美麗藍黴起司

羅普藍黴起司
Shropshire Blue

被稱作「現代英式起司」
的新型起司，風味與斯蒂
爾頓起司（Blue Stilton ➡
p.165）十分相似，但是口
感更為綿密。由於色彩繽
紛，所以大致切碎後料理
成沙拉也相當賞心悅目。

 外觀　質地呈現橘色，且遍
布著藍黴菌。

 風味　微微的甜味與苦味完
美調和著。水分稍
多，質地黏稠。

香氣　具有藍黴起司刺鼻的
強烈氣味。

季節　一年四季。熟成4個
月左右為最佳賞味時
機。

DATA	
種類	藍黴
產地	英國・諾丁罕郡
P.D.O年	無認證
原料乳	牛乳
熟成時間	12週
固體中乳脂肪含量	48%

洽詢　NIPPON MYCELLA

　　第二次世界大戰後，英國積極復興衰退傳
統的起司，並著手開發新型起司，而在這期間
所誕生的新型起司便稱作「現代英式起司」，
近年來備受矚目。羅普藍黴起司也是其中之
一，以胭脂樹紅染成的鮮橘色與藍黴菌形成強
烈對比，外型十分美麗，風味近似斯蒂爾頓起
司（Blue Stilton），深具藍黴起司特色。

傳統製法製成，
貨真價實的切達起司

西部鄉村農家
切達起司
West Country Farmhouse Cheddar

為保留切達起司原始風
貌，1982年一群生產者集
結在一起成立了「West
County」團體，全程依照
傳統手法，生產出貨真價
實的切達起司。

 外觀　內部為經長時間熟成
的深奶油色。表皮可
看見自然繁殖的藍黴
菌。

 風味　風味複雜，具果香
味。吃進口中會有鬆
散的口感。

 香氣　會讓人聯想到乾草的
香氣，也帶有如同奶
油與堅果般的濃醇香
氣。

 季節　一年四季。依循傳統
於夏天熟成的切達起
司別有一番風味。

DATA	
種類	非加熱壓榨（硬質）
產地	英國西南部
P.D.O年	1996年
原料乳	牛乳
熟成時間	最少9個月
固體中乳脂肪含量	最低48%

洽詢　FROMAGE

　　West County團體的最大特色，就
是在製作切達起司時，純手工完成堆釀
（Cheddaring ➡ p.167）這道最關鍵的步
驟。團體中評價最高的蒙哥馬利農家，所使用
的牛乳來自弗裡斯品種牛隻，再加上傳統的小
牛凝乳酶，且刻意在碾磨（粉碎）凝乳顆粒時
隨意切割，營造出鬆散的口感與優雅的風味。

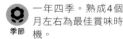
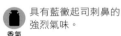

全世界產量最多，起源英國的起司
切達起司（紅・白）
Cheddar（Red.White）

 外觀 無表皮，成型後為四角型。組織滑順且緊實。

風味 熟成時間短的切達起司風味溫潤，具有清爽的酸味。熟成6個月左右之後，才會出現近似原始風味的濃醇度。

香氣 具有些許如同奶油般的香氣。幾乎沒有切達起司特有的香氣。

季節 一年四季。

目前切達起司除了英國之外，世界各地例如美國、加拿大、澳洲、紐西蘭等國均有生產，為產量最多的起司。白色切達起司為象牙白色，紅色切達起司則是經植物性染料胭脂樹紅染色後呈現橘色。照片上的為熟成（Matured）起司。

DATA	
種類	非加熱壓榨（硬質）
產地	—
P.D.O年	無認證
原料乳	牛乳
熟成時間	6個月以上
固體中乳脂肪含量	50%

 洽詢 MURAKAWA

United Kingdom, Ireland

　　產自英國西南部切達村的起司，運用了特殊的堆釀（Cheddaring）製法製作而成。

　　所謂的堆釀（Cheddaring），就是將濾除乳清並切割完成後的凝乳層層堆疊，再經數次翻面與切割堆疊以濾除乳清的製程。然後將堆釀後的凝乳進行碾磨（切碎），撒鹽後入模，最後再經過壓榨熟成後即成切達起司。

　　傳統的切達起司產於西南部，呈現圓筒型，且需長時間熟成。具有自然形成的堅硬表皮，而且還會在表面裹上布，藉此補充油脂同時加以熟成，因此有些產品表皮上會長出天然的藍黴菌。

　　工廠製造的切達起司屬於無表皮的「Lindless」起司，風味沉穩，無特殊氣味。可切片料理成三明治，或是切碎做成沙拉。用於比薩或漢堡等熱食也十分對味。

融合黑啤酒
個性獨具的切達起司
愛爾蘭波特起司
Irish Porter

整塊切達起司布滿黑啤酒浸染過的質地，如同一塊馬賽克瓷磚。因為沒有自然形成的表皮，所以須利用深咖啡色的蠟包覆以進行熟成。

外觀　深咖啡色的質地與大小不一的黃色切達起司塊融為一體。

風味　口感黏稠，且具有黑啤酒的香氣與微微的甜味。

香氣　沒有強烈的香氣。帶有如同巧克力般，複雜的燒烤氣味。

一年四季。
季節

DATA

種類
非加熱壓榨（半硬質）

產地
愛爾蘭・利默里克郡

P.D.O年
無認證

原料乳
牛乳

熟成時間
9個月

固體中乳脂肪含量
45〜52%

洽詢　CHEESE HONEY

　　由南愛爾蘭利默里克郡，傳承三代的卡希爾公司於1991年所開發的起司。

　　宛如馬賽克般的特色外觀，是將乳清濾除後碾磨（切碎）的凝乳，加入愛爾蘭傳統黑啤酒「波特啤酒」後成型的起司。由於加入了波特啤酒，因此水分含量高於一般的切達起司，使口感變得具彈性且黏稠。顛覆外觀給人的印象，容易入口且美味無比，可搭配冰鎮後的健力士啤酒或波特啤酒一起享用。

凌駕原始德比起司
備受歡迎的清爽風味
鼠尾草德比起司
Sage Derby

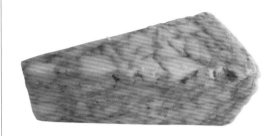

鼠尾草形成的綠色光耀奪目，德比起司風味類似切達起司（Cheddar ➡ p.167），組織稍微柔軟且濕潤。

外觀　鼠尾草形成的綠色，再加上象牙白色的起司，如同大理石般融為一體。

風味　口感豐盈。具有鼠尾草清爽的香草風味。

鼠尾草清爽的香氣十分飽滿，也帶有如同奶油般的淡淡香氣。
香氣

季節　一年四季。清爽的風味很適合夏天享用。若期待藥效的話，傳統上須等到秋天或冬天再行享用。

DATA

種類
非加熱壓榨（半硬質）

產地
英國・約克郡

P.D.O年
無認證

原料乳
牛乳

熟成時間
1〜2個月

固體中乳脂肪含量
48%

洽詢　CHEESE HONEY

　　將十六世紀左右誕生於德比郡的傳統硬質德比起司（Derby），加以變化後所製成的起司，直到十七世紀左右，為慶祝豐收祭與聖誕節等節日才開始被製造出來。

　　最大特色在於具有鼠尾草（與紫蘇一樣，同為唇形科的一種香草）清爽的香氣以及微微的苦味，現在比原始的德比起司更為遠近馳名，終年皆可生產，反觀原始的德比起司在英國國內反而甚少於市面上流通。

滿足圓潤風味的起司

白色斯蒂爾頓起司（藍莓）

White Stilton（Bluberry）

少了藍黴風味的白色斯蒂爾頓起司，具有原始質地綿密的風味，更可品嚐到入口即化的口感。可加入其他食材，例如搭配水果製成的口味更是受到大眾歡迎。

外觀　整體質地呈現象牙白色，且遍布著柔軟的藍莓。

風味　風味圓潤，還添加了藍莓的果實風味，可蔚為一道「甜點」。

香氣　具有牛乳發酵後微微的氣味，也帶有藍莓酸酸甜甜的香氣。

季節　一年四季。屬於新鮮起司，因此剛開始熟成時為最佳賞味時機。

DATA	
種類	柔軟（其他）
產地	英國‧萊斯特郡、德比郡、諾丁罕郡
P.D.O年	1996年
原料乳	牛乳
熟成時間	4週
固體中乳脂肪含量	最低48%

洽詢　FROMAGE

　　「斯蒂爾頓起司（Blue Stilton）」可列為世界三大藍黴起司之一，但是很少人知道其實斯蒂爾頓起司共有兩種類型。除了藍黴起司之外，還有另一種柔軟的白色斯蒂爾頓起司（White Stilton），其最大特色就是具有新鮮的牛乳風味，以及鬆散粉碎的口感，雖為白色，但卻不屬於白黴起司。

　　白色斯蒂爾頓起司有好幾種類型，原味的很適合直接淋上蜂蜜當成一道甜點享用。英國境內也另有販售大量內含水果的白色斯蒂爾頓起司，除了藍莓口味之外，還會加入杏桃、糖漬檸檬皮等等，種類十分多元。

　　現在只要一提到斯蒂爾頓起司，一般都會聯想到藍黴起司，但在1724年因為「美味」而掀起一股話題的斯蒂爾頓起司，當時卻被形容成「帕馬森起司」，說不定帕馬森起司就是白色斯蒂爾頓起司熟成後的產品。

美國、
紐西蘭

🇺🇸🇳🇿 U.S.A, New Zealand

U.S.A

New Zealand

拜移民文化所賜
以出口起司為主的生產國
研發出獨門的風味起司

美國是世界數一數二的起司生產國，透過工廠大規模量產的起司，除了切達起司（Cheddar）、傑克起司（Jack Cheese）等美式起司，還有馬札瑞拉起司（Mozzarella）以及帕馬森起司（Parmesan）等義式起司。而且自1960年代以後，更開始製造特製起司（Speciality Cheese），這是一種具傳統歐洲風格的冷門起司，許多人拜倒在這種起司風味之下，使得起司農家也開始逐漸增加。

紐西蘭則和澳洲一樣，在十九世紀以後，因為英國移民遷入才開始使用乳製品。起初以出口英國人喜好的切達起司為主，但自從冷藏運輸船引進後，便開始積極地將起司出口至全世界。除了切達起司之外，也大量生產馬札瑞拉起司與奶油起司。

此外紐西蘭甚至還善用堆釀製程，發展出獨家的「艾格蒙起司（Egmont）」。

傑克起司／寇比傑克起司／辣椒傑克起司

Monterey Jack／Colby Jack／Pepper Jack

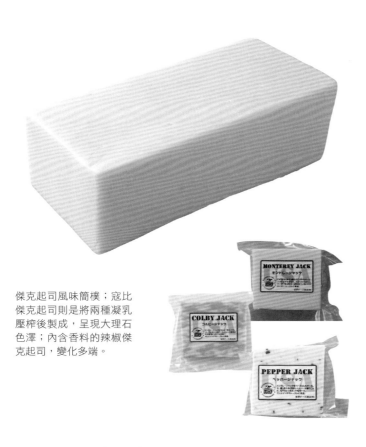

傑克起司風味簡樸；寇比傑克起司則是將兩種凝乳壓榨後製成，呈現大理石色澤；內含香料的辣椒傑克起司，變化多端。

外觀 具有彈性，白色的組織綿密且緊實。無表皮。

風味 風味沉穩。具有如同奶油般的淡淡酸味。加熱後會散發出恰到好處的濃醇度。

香氣 幾乎沒有強烈香氣。可品嚐到微微的酸甜乳香味。

季節 一年四季。

DATA	
種類	非加熱壓榨（半硬質）
產地	美國・加州
P.D.O年	無認證
原料乳	牛乳
熟成時間	1個月
固體中乳脂肪含量	50%

洽詢　世界起司商會

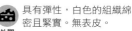

U.S.A,
New Zealand

　　起源自1700年代，由墨西哥修道士在蒙特雷縣所製造的起司。「Jack」於1800年代後半期，才開始銷往加州以外的地區，因此才有了David Jack的封號。除了傑克起司之外，另有混合了寇比起司（Colby，類似切達起司的橘色起司）的「寇比傑克起司（Colby Jack）」，以及加入墨西哥辣椒（Jalapeno pepper）的辛香「辣椒傑克起司（Pepper Jack）」等等，名聲遠播。

　　傑克起司是將歐洲起司創新改造後所製成，屬於美式起司。風味溫潤且易融化，因此常被用於墨西哥料理或西班牙料理當中。此外傑克起司有許多產品熟成時間短，僅1個月左右，但也有熟成超過6個月的產品，被稱作「Dry Jack」，這種起司具有堅果般的濃醇度，美味無比，但傳聞這是在偶然之下被創造出來的起司。

柔軟且方便
隨時取用塗抹
美國奶油起司
American Cream cheese

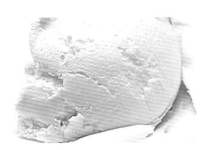

常以8盎司（227公克）的容器包裝。質地綿密且滑順，冷藏後也不易變硬，方便隨時取出使用。為塗抹貝果、麵包時的一大利器。

	外觀	白色且滑順的組織。質地細緻。
	風味	風味綿密且濃厚。具有清爽的酸味。
	香氣	帶有如同優酪般酸甜的牛乳香氣。
	季節	一年四季。

DATA

種類	新鮮
產地	美國‧賓州
P.D.O年	無認證
原料乳	牛乳
熟成時間	無
固體中乳脂肪含量	—

洽詢　CHESCO

　　特徵為具有美式奶油起司特有的濃厚牛乳風味，再加上微微的甜味，更帶有恰到好處的酸味，且風味清爽宜人。

　　美國奶油起司為現代奶油起司的始祖，誕生於十九世紀後半的美國。「卡夫奶油乳酪（Philadelphia Cream Cheese）」正是美國奶油起司的頭號產品，據說就是以法國的訥沙泰勒起司（p.32）為參考依據，再加以改良成更綿密且飽滿的風味。目前卡夫奶油乳酪為專利生產，所以嚴格來說並非為美國製造。

百吃不厭的
乳香美味
安佳奶油起司
Anchor™ Cream cheese

Anchor是「錨」的意思。顯目的紙製外盒上，印有令人聯想到大海的藍色以及波浪狀的白色，內部包有以塑膠膜密封起來的起司。消費對象以烘焙材料店為主。

	外觀	組織呈現白色，飽滿緊實且滑順。
	風味	沒有特殊氣味，具有綿密的濃醇度，也帶有微微的甜味與酸味。
	香氣	幾乎沒有獨特的香氣。
	季節	一年四季。

DATA

種類	新鮮
產地	紐西蘭、奧克蘭
P.D.O年	無認證
原料乳	牛乳
熟成時間	無
固體中乳脂肪含量	

洽詢　CHESCO

　　奶油起司通常會包裝成1公斤的紮實方塊進行販售，沒有特殊氣味，充滿乳香風味，且質地滑順。主要使用對象為烘焙業者，是專家們御用的起司。價格也十分宜人，因此大量用於起司蛋糕與料理當中。

　　安佳（Anchor）最初是在1886年以奶油品牌打響名號，現在則由三個工會團體合併，於2001年成立紐西蘭乳業公司，以Fonterra公司的名義進行製造與銷售。

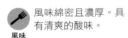

美國、紐西蘭

好想一飽口福！
令人心動的世界各國起司

世界各國還隱藏著許多相當罕見的美味起司，
有些在當地也很難一飽口福，有些更只在限定期間內流通……，
接下來，就為大家介紹七種連起司達人也響往不已的起司！

🇫🇷 France
泰爾米尼翁藍黴起司
Bleu de Termignon

產自阿爾卑斯國家公園內的「夢幻起司」。將夏季三個月內製成的起司，靜置於熟成庫內長達半年左右，等待藍黴菌自然生成後，才得以推出的珍貴起司。

🇮🇹 Italy
比多起司
Bitto

承襲羅馬時代克爾特人的製作方法所製成的D.O.P認證起司。這種硬質起司使用了6～9月夏季生產的牛乳，另外原料乳中也能加入最多10%的山羊乳。

🇮🇹 Italy
水牛里考塔起司
Ricotta de Bufala

利用產自南義大利的水牛馬札瑞拉起司（Mozzarella di Bufala）乳清製作而成的里考塔起司（Ricotta），具有濃郁的醇厚風味與甜味。極力推薦大家一定要品嚐看看現做的產品。

🇨🇭 Switzerland
格拉魯斯起司
Schabziger

富含綠色辛香料風味的起司。將脫脂牛乳的凝乳與葫蘆巴（豆科的香草）的粉末拌勻後，塑型成軟木塞狀的起司。產量稀少，一般會磨碎後作為調味料使用。

🇪🇸 Spain
塞夫雷羅起司
Cebreiro

最大特色在於「廚師帽」的外型，為牛乳製的D.O.P認證起司。具有酸味與濃醇度，可品嚐到富含彈性的口感。可搭配榲桲果醬或蜂蜜作為一道甜點。

🇵🇹 Portugal
埃什特雷拉山脈起司
Queijo Serra da Estrela

具有獨特風味，質地柔軟的綿羊起司，由當地的塞拉（Serra）品種綿羊乳（無殺菌乳）製作而成。製作過程中會用手將凝乳壓入模型中成型，側面再纏上緞帶狀的布加以熟成。

🇳🇿 New Zealand
艾皮秋亞起司
Epicure

罐裝的起司。在罐內進行熟成，因此發酵時所產生的氣體會使罐子膨脹而變得鼓鼓的。具有強烈酸味與濃醇度所形成的獨特風味，氣味據說比任何一種起司都要來得濃烈……。

日本

🇯🇵 **Japan**

巧妙吸收歐洲起司文化
蘊育出富含日本風土的嶄新起司

日本海
Sea of Japan

大阪
Osaka

Kyushu
九州

Hokkaido
北海道

日本生產乳製品的歷史，起源自七百年（文武天皇）的飛鳥時代。當時已自亞洲傳入被稱作「蘇」的類起司產品，主要由畿內（舊時京都附近的「山城」、「大和」、「河內」、「和泉」、「攝津」等五國的總稱）輪流製造後上貢至朝廷。久而久之輪流製造的方法失傳，「蘇」的正確配方也沒有被留傳下來，只知道是透過加熱濃縮的方式來製造。

直到德川八代吉宗將軍時代，日本史上才再次出現起司的蹤影，當時的原料乳取自印度引進的三頭牛，利用類似蘇的製法，加入砂糖製作成「白牛酪」這種乳製品，可惜當時這種亞洲起司的發展並沒有持續進步下去。事實上此時雖處於鎖國制度下，唯一的貿易對象國荷蘭卻已將高達起司（Gouda）引進日本。一想到古時候曾經有人同時品嚐過亞洲與歐洲的起司，就覺得相當有意思。

明治時代起，日本就已經出現了正統的酪農業，也開始著手製作起司。但是自1900（明治33年）年起，民間才開始生產起司，這在起司悠久的歷史當中，感覺才剛剛開始起步而已。接下來約莫一百年間，起司才開始貼近人民，切切實實地發展起來。

如今在日本各地已有超過200名起司生產者，創造出各式各樣風格獨具的美味起司。這些生產者日日努力製造迎合日本人口味的起司，請大家一定要來品嚐看看！

東京
Tokyo

Pacific Ocean
太平洋

Japan

採用有機牛乳製作而成的起司

喀林帕起司

咀嚼愈久，牛乳的鮮醇味與濃郁度愈發明顯。片成薄片或切成骰子狀就能直接當成一道小菜，磨碎後撒在各種料理上也十分美味。

外觀　表皮為小麥色，具有緊實的組織，熟成時間愈久黃色就會變得愈深。

風味　具有如同堅果般的芳香風味，沉穩且具有濃醇度。

香氣　帶有青草與牛乳的溫和香氣。

季節　一年四季，而且任何季節享用皆十分美味。

DATA	
種類	加熱壓榨（硬質）
產地	北海道久遠郡瀨棚町
原料乳	牛乳
熟成時間	6個月
固體中乳脂肪含量	—

咨詢　村上牧場牛乳工房REPURERA

村上牧場位於距市中心有點路程的小山上，可遠眺日本海，牧草充分吸收了海風帶來的豐富礦物質，因此喀林帕起司濃縮了瀨棚町的自然風味。原料乳來自春天至秋天放牧期只食用青草成長的牛隻，在無農藥、無化學肥料的牧草地上悠閒成長，因此所產牛乳更是百分之百有機，可品嚐到沉穩且具青草味牛乳風味。

製造者村上健吾專家善用瀨棚町的風土，不斷摸索製造起司的方法，最終研發出眼前美味的喀林帕起司。由於品質十分講究，還因此受日本航空公司採用，作為2015年春季國際線頭等艙機上餐點。更在雜誌舉辦的郵購商品大賞國內起司類中，榮獲冠軍頭銜。

「喀林帕」一名取自愛奴語「krinpa ushi bupuri」，意指站在牧場就能眺望得到北海道道南最高峰狩場山。

日本

十勝拉可雷特起司

產自花畑牧場，在日本知名度甚高的拉可雷特起司（Raclette），雖然香氣比不上外國製造的產品，但直接享用也十分容易入口。建議大家可將表面融化後淋在熱蔬菜或比薩上享用，搭配白酒最為對味。

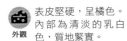
外觀 表皮堅硬，呈橘色。內部為清淡的乳白色，質地緊實。

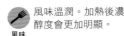
風味 風味溫潤。加熱後濃醇度會更加明顯。

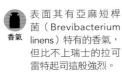
香氣 表面其有亞麻短桿菌（Brevibacterium linens）特有的香氣，但比不上瑞士的拉可雷特起司這般強烈。

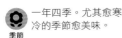
季節 一年四季。尤其愈寒冷的季節愈美味。

DATA
種類
非加熱壓榨（半硬質）
產地
北海道河西郡中札內村
原料乳
牛乳
熟成時間
6個月
固體中乳脂肪含量
—

洽詢 花畑牧場

花畑牧場的十勝拉可雷特起司，100％使用了產自十勝的鮮乳，熟成過程中所進行的洗浸步驟更歷時3個月以上，每天小心翼翼地將一個個起司仔細翻面，雖然最後完成的產品比不上瑞士的拉可雷特起司，但也因此更容易讓起司入門者接受。先將起司烤融化再享用，濃醇風味會更上一層樓。還曾在第八屆ALL JAPAN天然起司大賞中榮獲農林水產大臣獎。

鶴居銀標天然起司

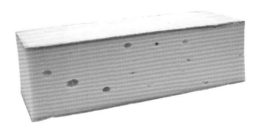

製作方法雖然簡單，卻是集製造者堅持於一身的起司。無特殊氣味，與白酒或果香味的紅酒十分對味。也適合在加熱後用於義大利麵或焗烤等料理。

外觀 表皮泛著紅色。內部為奶油色，質地細緻的組織。

風味 具有濃醇度，風味沉穩。加熱後鹹味會融入其中，使風味倍增。

香氣 具有如同納豆般的微微香氣。

季節 一年四季都可以品嚐到，但是特別推薦於秋季品嚐。

DATA
種類
非加熱壓榨（半硬質）
產地
北海道阿寒郡鶴居村
原料乳
牛乳
熟成時間
80天以上
固體中乳脂肪含量
—

洽詢 鶴居村復興公社酪樂館

鶴居銀標天然起司連續4年榮獲ALL JAPAN天然起司大賞，這分榮耀來自穩定的美味產品，堅持採用鶴居村生產的現榨鮮乳當天製造。鶴居村原本就是以酪農業為主的地區，鼓勵酪農們生產品質優異的鮮乳，因此可說是最適合製造起司的地區。完全零添加，百吃不厭的風味，迎合眾人喜好。

專為日本人而生的日製藍黴起司

二世古 空〔kuː〕起司

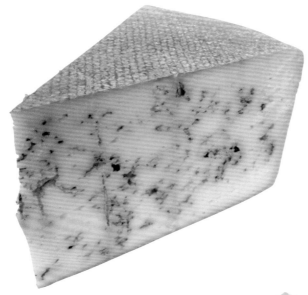

風味介於藍黴起司與半硬質起司之間，很適合用來搭配咖啡或紅茶。建議大家可以混合二世古 空〔kuː〕起司、拉可雷特起司（Raclette）、康堤起司（Comte）等一起煮至融化，烹調成起司火鍋料理。

外觀　表皮呈現咖啡色。組織緊實，整個起司內部密布許多芝麻狀的藍黴菌。

風味　具有藍黴菌特有的堅果般風味，也帶有清爽的苦味。

香氣　藍黴起司特有的獨特香氣較不明顯。

季節　清爽的苦味很適合夏季食用。一年四季都可以品嚐到。

DATA	
種類	藍黴
產地	北海道虻田郡二世古町
原料乳	牛乳
熟成時間	3～4個月
固體中乳脂肪含量	－

洽詢　二世古起司工房

　　由二世古起司工房第二代老闆近藤裕志先生遴選而出，將個人最喜愛的藍黴起司作為該工房獨創起司之首選。為了將二世古 空〔kuː〕起司的美味介紹給更多日本人知道，歷經多次摸索試驗，才終於創造出。原料乳來自二世古町少數飼養，嚴格管理的高品質牛隻。而且其風味協調的祕密，便在於藍黴菌、鹽、起司原始風味三者取得絕妙平衡。再加上謹密管理酸鹼值、熟成溫度、熟成濕度，使藍黴菌得以充分繁殖，卻又能抑制特殊氣味。這種掌控技巧，比起製作風味強烈的藍黴起司更為高難度。

　　二世古 空〔kuː〕起司的高超技術與風味大受好評，並於第九屆ALL JAPAN天然起司大賞榮獲優秀獎，在起司行家之間，更被列為「北海道三大藍黴起司」之一。而二世古 空〔kuː〕起司一名，正是取自二世古町清澈藍空之意境。

新鮮牛乳的
美味占據整個味蕾
現做馬札瑞拉起司

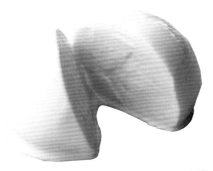

唯有現做才能品味到牛乳
風味的起司，讓人得以飽
嚐極具彈性的口感。也建
議與水果一起搭配享用。

 外觀 　純白且具光澤感的球
體。切開後會有牛乳
滴落下來。

 風味 　具有牛乳的甜味，也
帶有乳酸菌形成的清
爽酸味。

 香氣 　可品嚐到新鮮起司特
有的乳香味。

季節 　建議趁新鮮時享用，
且隨時品嚐都很美
味。

DATA
種類
紡絲型起司（新鮮）
產地
東京都涉谷區神山町
原料乳
牛乳
熟成時間
無
固體中乳脂肪含量
—

洽詢　SHIBUYA
CHEESE STAND

　　在義大利南部品嚐過現做馬札瑞拉起司
後大受感動，於是開設SHIBUYA CHEESE
STAND，開始製造新鮮起司。
　　每天早上近郊牧場都會將新鮮牛乳送達座
落在都會區市中心的起司工房，在製作過程十
分謹慎地保留乳脂肪的完整，以避免破壞起司
的綿密口感，使得完成後的起司不但新鮮而且
帶乳香味，蔚為絕品，令人想要來杯具礦物質
風味的白酒作搭配。

上至甜點下至料理，
運用度廣泛的新鮮起司
高梨北海道
馬斯卡彭起司

很適合用來搭配莓菓類、
柑橘類的水果。加熱後也
相當容易攪拌均勻，因此
也可以拌入義大利麵醬汁
或焗烤醬汁中使用。

外觀 　無表皮。整體為奶油
色，質地滑順。

風味 　具有新鮮牛乳原始的
溫和風味，也可品嚐
到飽滿的濃醇度。

 香氣 　充斥著微微的乳香
味。

季節 　一年四季都可以品嚐
到。

DATA
種類
新鮮
產地
北海道厚岸郡濱中町
原料乳
牛乳
熟成時間
無
固體中乳脂肪含量

洽詢　高梨乳業

　　採用北海道根釧地區新鮮牛乳製成的高梨
北海道馬斯卡彭起司，可直接品嚐到新鮮起司
特有的牛乳風味，且起司成品質地十分滑順，
與各種食材相容度頗佳，深獲專業廚師與糕點
師傅高度好評，更曾獲頒第7屆ALL JAPAN天
然起司大賞優秀獎。為了讓消費者在家裡也可
享用到道地風味，也有推出方便使用的容量。

模仿那須名山的雅緻風味起司

茶臼岳起司

 外觀 表皮覆蓋著黑色木炭與藍黴菌。內部為純白色，質地細緻。

 風味 風味圓潤。雖具有濃醇的乳香味，卻不會過於膩口。

 香氣 與一般的山羊起司相較之下，香氣較為清淡。

 季節 僅限於可採集到新鮮山羊乳的5～11月間才，得以製造出來。春天至夏天的季節最為當令。

DATA	
種類	柔軟（山羊）
產地	栃木縣那須郡那須町
原料乳	山羊乳
熟成時間	16天
固體中乳脂肪含量	―

洽詢 那須高原今牧場 起司工房

仿照高山形狀製作成金字塔造型。透過新鮮的山羊乳，營造出洗練且細緻的風味。除了白酒與氣泡酒之外，也很適合用來搭配日本酒。

茶臼岳起司一名取自那須名山「茶臼岳」，且金字塔造型的外觀也是仿照高山外型所製成。由於在飼養山羊與榨乳時十分重視衛生，因此幾乎不具有一般印象中的「羊腥味」。尤其講究原料乳的新鮮度，為避免損傷原料乳，從榨乳、儲乳、殺菌各方面皆小心翼翼。完成後的產品非常容易入口，就連初嚐山羊起司的人也十分推薦品嚐看看。質地柔軟滑順且入口即化，百吃不膩。

更於2014年獲頒JAPAN CHEESE AWARD金獎、榮獲第9屆ALL JAPAN天然起司大賞優秀獎，備受好評。另外也在2013年、2014年9～11月這三個月期間，成為日本航空國際線頭等艙所提供的機上餐點。

茶臼岳起司有季節限定，僅在可榨取山羊乳的5～11月間販售，切記把握時機，以免向隅。

日本

原料乳採用自然放牧瑞士褐牛的
濃厚起司

宮坂法式起司

熟成時間愈久，風味會不斷變化的起司，可依個人喜好選購食用。無論分切後直接享用，或是搭配蘇打餅乾、法式長棍麵包、水果乾等也都十分美味。

 外觀 隨著熟成時間愈久，內部會逐漸轉變成綿密質地。表皮覆蓋著薄薄一層白色酵母。

 風味 具有微微的酸味。熟成時間愈久，風味會變得愈發濃厚。

 香氣 會微微散發出槲樹葉子的香氣，也帶有濃厚的乳香味。

季節 一年四季都可以品嚐到。賞味期限約21天。

DATA	
種類	柔軟（其他）
產地	廣島縣三次市三良坂町
原料乳	牛乳
熟成時間	約6週
固體中乳脂肪含量	—

洽詢 三良坂FROMAGE

宮坂法式起司曾於2013年榮獲法國舉辦的國際比賽亞軍，風味深受世界認同，十分濃厚且綿密。尤其在牛隻飼育方面猶為堅持，原料乳來自於山地酪農自然放牧下成長的牛隻，脂肪含量高。而且還會將起司以槲樹葉子包裹，熟成長達6週，使成品柔軟且入口即化。隨著熟成時間愈久，酸味會逐漸消散，轉變成更為深奧的風味。

令人欲罷不能的
獨特香氣與綿密風味

盧比歐拉大和起司

口感柔軟且溫和，近似卡門貝爾起司（Camembert），容易入口。與紅酒的風味最為合拍。用來當作比薩等料理的配料，也能成為美味中的亮點。

 外觀 表皮為粉紅色。內部呈現白色，質地柔軟。

 風味 風味濃醇十分飽滿。鹹味稍微濃烈一些。

 香氣 表面具有源自亞麻短桿菌（Brevibacterium linens）的獨特香氣。

 季節 一年四季。賞味期限為製造日起30天左右。

DATA	
種類	柔軟（洗皮）
產地	宮崎縣小林市
原料乳	牛乳
熟成時間	約30天
固體中乳脂肪含量	

洽詢 Daiwa Farm

大和農場（Daiwa Farm）在生產起司時，對於安全與品質十分堅持，講究健康牛隻的培育，對於水質與飼料也相當注重。

盧比歐拉大和起司的原料乳，產自荷爾斯泰因牛以及瑞士褐牛這兩種牛隻，使用每天早上現榨的牛乳，且全部製程皆仰賴手工操作。由於使用了脂肪含量無調整的全脂牛乳，因此成品風味濃醇飽滿，為其一大特色。

Japan

日本的加工起司
JAPANESE PROCESSED CHEESE

加工起司對日本人而言垂手可得，
特色就是比天然起司保存性更佳，且容易加工。
現在就為大家介紹七種類型的加工起司。

6P圓盒起司

會將圓型起司分切成6等分的扇
型，P為portion（1人分）的意
思。雪印的6P圓盒起司自1954年
開始販售，半世紀以來一直深獲大
眾喜愛。同系列商品另有推出減鹽
起司。

洽詢　雪印乳品公司／6P圓盒起司

卡夫特盒裝切片起司
（carton）

日本最原始的加工起司，英文的
Carton有盒裝的意思。卡夫特切片起
司因為大小與厚度皆很方便使用，深
受消費者的愛用。共有4種風味，可視
食材搭配選購，廣泛運用於各式美味
料理當中。

洽詢　森永乳業／卡夫特切片起司

起司片

起司片於1971年被開發出來，作為搭配
吐司之用。明治的起司片使用了60％以
上十勝生產的天然起司，風味濃厚，相
當受到歡迎。濃郁且入口即化的綿密口
感，為其一大特色。

洽詢　明治／明治北海道十勝起司片

日本

迷你起司

將盒裝起司縮小尺寸，製作成方便
入口的大小。Q.B.B迷你起司迎合
日本人口味，講究的風味令人百吃
不膩，口味也十分多樣化。

洽詢 六甲奶油／迷你起司

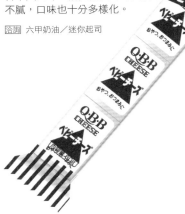

煙燻起司

融合嚴選起司與發酵奶油，耐心燻
製而成的香氣令人欲罷不能。每家
公司推出的產品外型各異，但多為
一口尺寸的大小。與葡萄酒或啤酒
相當對味，也很適合作為下酒菜。

洽詢 小岩井乳業／小岩井 一口煙燻起司

起司球

隨時隨地都能來上一口的加工
起司球，每顆約5公克，方便食
用，大人小孩都能美味品嚐。風
味溫潤，也適合用於料理當中，
例如烹調成可樂餅或串燒皆十分
美味。

洽詢 六甲奶油／經濟包起司球

起司棒

Q將起司為起司棒的頭號商品，
自1960年上市以來獲得許多人愛
好。包裝成棒狀的靈感源自魚肉
香腸，不但方便食用，撕開膠膜
時也別有一番樂趣。

洽詢 六甲奶油／Q將起司

起司工房介紹

SHIBUYA CHEESE STAND

通常談到起司工房，大多會聯想到位在牧場旁邊，或是座落在大自然富饒的地區，但是「SHIBUYA CHEESE STAND」卻令人耳目一新，不但將工房設立在大都會區，而且現做起司的美味在兼設的內用空間就能品嚐得到。

DATA

住址	東京都涉谷區神山町5-8 1樓
營業時間	11：00～23：00（星期日營業至20：00）
公休日	星期一、12月31日與1月1日
	※若星期一為國定假日時，擇於翌日公休
網址	http://www.cheese-stand.com/

透過新鮮起司感動大街小巷

起司工房四周以玻璃環繞，從內用空間即可一窺起司製作樣貌。起司專家全神灌注、逐一操作的動作相當賞心悅目。這家工房的主人充滿熱血精神，期盼過去總給人遙遠距離的天然起司，成為更貼近你我的美味。

新鮮直送的美味

這裡所使用的原料乳，全是每天早上從都會區近郊牧場現擠後運送過來的牛乳，將新鮮起司引以為傲的牛乳風味完整直接送達。可以感受到位在近郊的生產者表情，令人深感「安心」與「信賴」，成為催生美味起司的最強後盾。

世界起司圖鑑
Knowledge of Cheese

Part 2

美味起司的
搭配方法 &
祕訣

應該選擇什麼樣的起司？
搭配什麼食物才會好吃？
現在就要來告訴大家，
讓美味起司更加好吃的祕訣。

起司的歷史
CHEESE HISTORY

＜起司的起源＞

起司的起源並沒有定論，但以誕生於西元前9000～8500年左右的美索不達米亞（位於現在伊拉克、伊朗、敘利亞局部境內），此一論點被視為最有力的根據。傳說最初起司並不是由人類製造出來的，而是在偶然的情形下自然形成（見p.10「起司發源地　美索不達米亞」）。

久而久之，發現只要將原料乳放入幼小的山羊、綿羊、牛的胃裡，在酵素作用下就會使原料乳凝固。但是凝固後的原料乳水分一多便容易腐敗，所以會裝進用青草或蔓草編織而成的袋子或籠子裡，進而研發出脫水技術。

接著還會加入鹽，經由日曬使之乾燥，使保存性更佳。就像這樣耐心地逐步改進後，才進化成現在的「起司」。

＜起司的發展與普及＞

誕生於美索不達米亞的起司，最後經由現在的土耳其等地，再傳入古希臘。西元前八世紀荷馬創作的敘事詩中，便曾有起司相關描述，因此可了解起司在當時便已經被製造出來。如今在希臘也十分受歡迎的「菲達起司（Feta）」，就是誕生於這個年代，稱得上是「世界上現存最古老的起司」。

建國於西元前735年的古羅馬，後來統治了希臘殖民地與周邊地區，因此除了文明之外，也吸收了希臘人與原住民帶來的起司製造技術。曾有記錄顯示，羅馬軍隊便曾經發配起司作為士民的糧食，而當時所發配的起司，推測就是義大利最古老的起司「佩科里諾羅馬諾起司（Pecorino Romano）」。而且羅馬軍隊在進攻歐洲之際，也將起司的製法傳入歐洲，使起司在整個歐洲普及開來。

進入中世紀（五～十六世紀）後，現在大家耳熟能詳的起司，也紛紛在文獻中登場。例如記錄中曾有記載，當時的皇帝在774年便曾品嚐過法國的「羅克福起司（Roquefort）」，在800年則享用過「布利起司（Brie）」。當時的起司主要由修道院製作，然後再由修道士將起司製法傳授給周遭居民。

約莫從中世紀中期開始，起司的生產逐漸在歐洲各地興盛起來。

歷史超過 1 萬年的起司，
誕生後是如何成為廣受全世界愛戴的食物呢？
現在就來看看起司從古至今的演變吧！

十四世紀起，荷蘭各地陸續開設起司市場，市場上所販售的起司，成為歐洲庶民餐桌上不可或缺的一分子，但是直到中世紀末期，起司才出現在王公貴族的飲食當中。據說巴黎的王公貴族偏好質地柔軟的起司，於是布利起司（Brie）才廣為風行。

十八世紀中期，英國發生工業革命，過去多由農家製造的起司，也開始由工廠生產。而且還在十九世紀開發出低溫殺菌法，可大量生產凝固原料乳的酵素，使起司製造技術一躍千里。

同時在日本也開始推行酪農業，並於1870年（明治3年）在函館設置了「七重官園」農業試驗場。包括被稱作「北海道酪農之父」的艾德溫‧敦（Edwin Dun）外國技師，都在此地將起司等乳製品的製造方法傳授給日本人。當時由每位學徒親手記錄下來的起司製程詳細筆記，更奠定了現代日本起司的生產基礎。

接著在1910年，由瑞士推出加工起司。保存性佳的加工起司，最後經由德國傳入美國，由卡夫公司開始量產並遍及全美國。日本則是在第二次世界大戰後，加工起司的消費量才逐漸擴大開來。

＜今日的起司與未來＞

二十世紀的起司，逐漸來到大量生產的時代。大型工廠可蒐集到量多且終年品質穩定的牛乳，再以傳統起司為參考依據，開發出迎合現代人偏好的綿密沉穩風味，使銷售通路擴及全世界。但在另一方面，全歐洲也積極展開維護歷史悠久的傳統起司。

現在日本所消費的起司以加工起司為主流，且進化到種類豐富的多元境界，此外在1980年代後半期也開發出起司條與牽絲起司等商品，使天然起司消費量隨之逐年增加。世界各地形形色色的起司皆能垂手可得，如今起司儼然成為日本飲食生活中不可或缺的一環。2012年（平成24年），年度總消費量更初次突破30萬噸，估計今後起司需求量也會逐年增加。

起司的營養
CHEESE NUTRITION

起司除了好吃之外,也是營養豐富的完美食材,
還能預防現代文明病或慢性病,是可以天天吃的健康食材!

男女老少皆宜的優質健康食品

起司濃縮了牛乳的營養成分,據說其營養價值更達牛乳的10倍。也就是說,吃下20公克的起司(約1片起司片),就能攝取到等同於200毫升(約1杯左右)牛乳所含的營養成分。

起司含量最高的營養成分,就是現代人最容易缺乏的鈣質,這種重要的營養素,可幫助我們打造出強健骨骼,預防骨質疏鬆症。尤其是兒童與老年人,更需要積極地補充鈣質,所以建議每天食用起司。例如高達起司(Gouda)或切達起司(Cheddar),只要食用2片(約30公克),幾乎就能達到每天所需的鈣質攝取量。

而且從最近的研究中更已經清楚明瞭,起司具備可維持健康的各種機能,可說是現代人飲食生活的最佳後盾。

1. 蛋白質

富含構建身體基礎的優質蛋白質,內含只能從食物中攝取得到的必需氨基酸,也含有大量均衡的20種氨基酸。

2. 脂肪

起司內含的豐富鈣質與維生素B2,具有可提高脂肪代謝的效果。雖然起司常被人誤以為「脂肪含量高」而敬而遠之,但其實並不容易像其他食品中的脂肪容易囤積。

3. 碳水化合物(醣類)

就連喝牛乳會造成肚子不舒服的乳糖不耐症患者,也能安心食用起司。因為牛乳中主要的碳水化合物乳糖幾乎會轉變成乳清,而且在熟成過程中也會被分解掉,因此熟成起司裡幾乎不含乳糖。

4. 無機質(礦物質)

富含鈣質,具有打造骨骼與牙齒、出血時凝固血液、肌肉收縮活動、神經傳導、預防焦躁不安等作用。而且在起司熟成過程中所形成的CPP(Casein phosphopeptide,酪蛋白磷酸胜肽)可幫助鈣質吸收,據說更優於從小魚中攝取到的鈣質。

5. 維生素

含有大量有助身體成長與眼睛健康的維生素A。而且微生物在熟成過程中也會製造出大量的維生素B群,因此燃燒脂肪與回復疲勞的效果相當可期。

數不盡的起司功效

抑制血糖值上升
起司屬於低GI食品，與碳水化合物一起食用，可使血糖值緩慢上升。

預防循環系統疾病
起司具有抑制體內活性氧的成分，可預防心臟與血管疾病。

預防骨質疏鬆症
富含鈣質，也內含可提高細胞運作幫助形成骨質的成分。

預防蛀牙
硬質起司內含有豐富的磷酸鈣與胜肽，能有效預防蛀牙。

抑制肥胖
鈣質與維生素B2可加速脂肪代謝，使體質不易變胖。

抑制造成胃潰瘍的細菌
藍黴起司內含的遊離脂肪酸，可抑制幽門螺旋桿菌。

整腸功效
質地柔軟的起司，可增加腸道內的比菲德氏菌，具有整頓腸道環境的功效。

預防高血壓
富含可降低血壓的鈣質，以及促進鈉排出的鉀。

起司主要營養成分（每100g的含量）

	熱量 kcal	水分 g	蛋白質 g	脂肪 g	MG／ES %	食鹽含量 g	鈣 mg	維生素A ug	維生素B2 mg	維生素B12 ug
牛乳	67	87.4	3.3	3.8	-	0.1	110	38	0.15	-
埃文達起司（Emmental）	429	33.5	27.3	33.6	50.5	1.3	1200	220	0.5	1
茅屋起司（Cottage Cheese）	105	79	13.3	4.5	21.4	1	55	37	0.2	1
卡門貝爾起司（Camembert）	310	51.8	19.1	24.7	51.2	1.3	460	240	0.5	1.3
奶油起司	346	55.5	8.2	33	74.2	0.7	70	250	0.2	0.1
高達起司（Gouda）	380	40	25.8	29	48.3	2	680	270	0.3	1.9
切達起司（Cheddar）	423	35.3	25.7	33.8	51.1	2	740	330	0.3	1.9
帕馬森起司粉（Parmesan）	475	15.4	44	30.8	36.4	3.8	1300	240	0.7	2.5
藍黴起司	349	45.6	18.8	29	53.3	3.8	590	280	0.4	1.1
加工起司	339	45	22.7	26	47.3	3.2	630	260	0.4	3.2

＊維生素A是以Retinol含量為準。
＊一部分數據引用自《2014專業起司教科書（チーズプロフェッショナル教本2014）》。

美味
起司的
祕密

如何選擇美味的起司？
CHEESE SELECTION

天然起司的熟成時間不同，就會出現不一樣的風味樣貌。
本章節將為大家介紹不同種類的起司應如何挑選，
並參考賣場專家的建議，享受選購起司的樂趣。

新鮮起司

新鮮起司未經熟成，可品嚐到新鮮的風味，因此新鮮度為首要條件。請檢視外包裝上的製造日期，盡量選購最新鮮的產品。剛剛製造出來的新鮮起司充滿光澤，呈現純白乾淨的顏色，放置時間一久就會開始泛黃，所以請多加留意並仔細觀察看看。開封後記得要在一週內食用完畢。

白黴起司

整體感覺膨鬆且具有彈性，才是優質產品。表皮上的黴菌若為純白色，表示熟成時間尚不充足。雖然每個人對於熟成多久最好吃的看法不一，但一般認為表皮變薄且偏咖啡色時，即為最佳嚐味時機。原則上以進口後3週左右為基準，不過也可以選購熟成時間短的產品，靜待它慢慢熟成。發出強烈阿摩尼亞臭味的起司代表熟成時間過久，選購時也要多加留意香氣。

藍黴起司

切口呈現濕潤且綿密的狀態為佳，並選購藍黴菌平均密布、具有黴菌香氣的產品。顏色方面最好應呈現藍色黴菌與白色質地落差明顯的產品為宜，避免買到黴菌部分已出現氣孔，且變成咖啡色的起司。陳列在店裡販售的藍黴起司都是已經充分熟成後的產品，所以最好選購其中製造日期或進口日期最新的起司。

洗皮起司

不同起司熟成後的硬度各不相同，但是一般認為邊緣乾燥變硬的產品為劣質品，以表皮濕潤，邊緣膨鬆的狀態為佳。用手指觸碰後會有些許黏稠感的時候，正是最佳品嚐時機。避免選購出現皺摺或裂縫的產品。不過有些洗皮起司在完全熟成後表皮還是會很堅硬，不清楚如何分辨時，不妨請教工作人員。

標籤辨識方法

起司的標籤（外包裝）上會標記各種資訊，
只要了解標籤上寫了些什麼，就能正確挑選起司。

起司名稱

標註起司的種類，本產品為莫城布利起司（Brie de Meaux）。

A.O.P標章

A.O.P（原產地名稱保護）認證起司才能標示的標章，代表符合嚴格標準之要求。受EU原產地名稱保護認證的起司，都能標示出相同的圖案標章（英文簡寫會依每個國家而有所不同）。

製造方式

標記「FERMIER」的產品，代表為農家製造。

製造單位

產自巴隆・愛德蒙・多・羅多西爾多這戶農家。羅多西爾多這戶農家是唯一生產莫城布利起司（Brie de Meaux）的農家，他們生產的葡萄酒也十分知名。隸屬於羅斯柴爾德家族成員。

製造地點

生產國家的簡稱代號，製造地點會以編號作標示。開頭的二位數為縣市編號。

縣市編號

找不到製造編號時，只要查看五位數的數字即可。開頭的二位數即為縣市編號。

山羊起司

　　在每個熟成階段都可以品嚐到不同的風味。新鮮的山羊起司表皮黴菌分布不多，有撒上木炭粉的產品則會呈現些許黑色。等到黴菌覆蓋之後，就是最佳賞味時機。相較於牛乳製成的起司，山羊起司更為潔白，內部也完全呈現出山羊乳的特色，以亮白色的質地為最佳狀態。尤其在春天至夏天，山羊榨乳期間最為當令。

半硬質、硬質起司

　　選購切面明亮，且顏色均一的產品。避免選擇起司油脂浮出，狀態濕潤的產品。出現在切口上的泛白斑點為氨基酸結晶，代表起司已熟成至美味狀態。選購具有氣孔的起司時，則以氣孔形狀呈現圓形，大小均一的產品為首選。每個熟成階段的風味迥異，不妨試吃過後再下決定。

美味起司的祕密

起司料理工具
CHEESE TOOL

起司千變萬化，有些質地柔軟，有些質地堅硬，有的容易崩散。
想要品嚐美味的起司，切記要選擇適合不同起司的料理工具。

入門者必備！

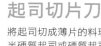

起司切片刀

將起司切成薄片的料理工具，用於半硬質起司或硬質起司。可調整靠在起司上的角度，切出不同厚度的起司，例如鹹味強烈的起司就可以切得薄一點，視情況調整使用。

萬能刀

刀刃上有開孔，這種構造會使起司不容易沾附，最適合用來分切柔軟起司，也能用來切割較硬的起司。甚至也能用刀尖將起司叉起來，當成叉子使用。

起司板

用來盛裝起司的托盤，且各種材質都有，例如木製、不鏽鋼製、大理石製等等。建議選購可襯托起司的材質，也能在切板上進行分切。

起司刨屑器

比方在料理時需要將帕馬森起司（Parmigiano Reggiano）這類堅硬起司磨成屑時，就能派上用場。造型五花八門，選購時應以容易施力的產品為宜。

有了更便利！

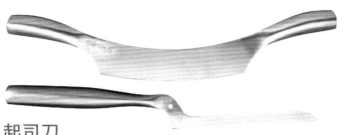

起司刀

各種起司都有專用的起司刀，圖片上方為方便雙手拿取，用來分切康堤起司（Comte）這類硬質起司的起司刀，下方則是布拉起司（Bra）專用，較薄的起司刀。可視不同起司選用料理工具，不僅賞心悅目也十分有趣。

專用起司刨削器（Girolle）

僧侶頭起司（Tête de Moine）專用的料理工具。將起司插在正中央的鐵軸上，再握住把手旋轉刀刃，就能片出花瓣狀的起司，使起司看起來更具華麗感。

起司鋼線切割刀

對於質地脆弱，外型容易崩散的藍黴起司而言，起司鋼線切割刀是難得的好幫手。緊繃的鋼線衝擊性小且抵抗力低，可切出好看的起司切面。

FROMAGE天滿橋店

　　由專門販售起司的世界起司商會所開設的起司店。每月都會舉行一次買到賺到的特賣會，將全世界的起司與適合搭配的葡萄酒介紹給消費者。

DATA

住址	大阪府大阪市中央區天滿橋京町3-6 1樓
營業時間	10：30～19：30（星期一～星期五）／11：00～18：00（國定假日、第二以及第四個星期六）
公休日	星期六、星期日（第二以及第四個星期六除外）

＊p.192～193所刊載之商品，上述商店皆有販售。

美味
起司的
祕密

怎麼切
才能釋放起司的美味？
CHEESE CUTTING

原則上起司是由外側往正中央慢慢熟成，
分切起司時應同時包含外側及正中央的部分。

＊起司會從切面開始氧化，最好先切下一整塊後，再分切成小分量。

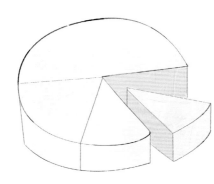

圓型

圓型的起司先切成一半後，再從正中央
以放射狀的方式進行分切。分切完成的
起司應呈現均一的三角型。

例如：卡門貝爾起司（Camembert）、
聖安德烈起司（Saint-Andre）等等。

正方型

正方型起司的切割要領如同圓型起司，須從正
中央以放射狀的方式進行分切。從對角線入刀
斜切後，再切割成均一的三角型。

例如：龐特伊維克起司（Pont l'Eveque）、
霍依起司（Rouy）等等。

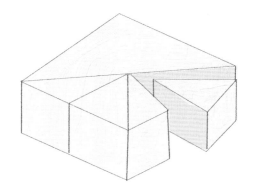

四角柱型

金字塔型的起司與圓型起司一樣，須從
正中央往外側分切。首先從對角線入
刀，然後再自正中央分切成放射狀。

例如：瓦朗賽起司（Valencay）等等。

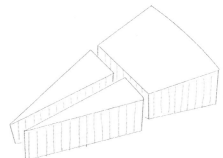

三角型（布利起司系列）

原型為巨大原盤型的起司，販售時已經分切成三角型的產品，需再切割成容易入口的大小。

例如：布利起司（Brie）等等。

長方型

事先分切成長方型的半硬質起司或硬質起司，販售時會再切割成棒狀。食用時以切片刀刨成薄片即可美味品嚐。

例如：康堤起司（Comte）、格呂耶爾起司（Gruyère）等等。

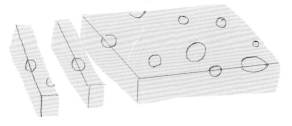

圓筒型

筒狀的起司需分切成厚度適中的圓片狀。片得太薄將無法充分品嚐到起司的美味，所以須特別注意。

例如：聖莫爾德圖蘭起司（Sainte-Maure de Touraine）等等。

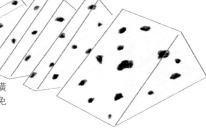

三角型（藍黴起司系列）

原型為圓柱型的藍黴起司，分切成三角型後橫放，接著再片成厚度適中的薄片。切記應避免正中央與外側的藍黴菌分布不平均。

例如：羅克福起司（Roquefort）等等。

美味
起司的
祕密

起司裝盤技巧
CHEESE PLATE

將起司盛裝在同一個器皿上,這就是所謂的「起司盤」。
現在就來挑戰看看,如何擺出一個媲美餐廳等級的美麗起司盤吧!

思考風味的協調度

盛盤時最重要的一點,就是風味的協調度,所以盤內應以三種不同種類的起司為佳。第一種起司最好沒有特殊氣味,容易入口,第二種起司以個人喜好的風味為主,第三種起司則要有別於另外兩種起司,使整體風味能夠取得平衡。

搭配季節

季節感也要特別留意,關鍵就是要挑選該時期最美味起司。春天至夏天的季節以新鮮的山羊起司最為當令,秋天至冬天的季節則以長時間熟成後的硬質起司或洗皮起司較為美味。

立體的盛盤

例如混合圓型起司、四角型起司、有高度的起司,讓起司造型千變萬化,使視覺感觀更為豐富。而且要將小型起司擺在前方,大型起司放在後方,以營造出立體感。盛盤用的器皿造型也要考量在內,可使整體更具協調性。

搭配水果、香草

起司盤中只有起司,色香味都會大打折扣,若能加上香草或水果乾等食材點綴,華麗感將立即顯現。另外若能使用籃筐或起司切板盛裝,不但令人耳目一新,更能演譯出時尚氛圍。擺盤時的功夫,也不失為一門樂趣喔!

籃筐

起司切板

四季的起司種類

最棒的起司盤，就是依照個人喜好，選用3～5種當令起司作搭配。

也能從不同種類的起司當中分別挑選出1～2種，自然就能取得協調的風味。

另外還能搭配葡萄酒享用，或是全部挑選同一類型的起司，也別有一番趣味。

春	埃文達起司（Emmentaler）／（Emmental）、克勞汀·德·查維格諾爾起司（Crottin de Chavignol）、聖安德烈起司（Saint-Andre）、和韋爾高·薩斯納日藍黴起司（Bleu du Vercors-Sassenage）、布羅秋起司（Brocciu）、芒斯特起司（Munster）
夏	聖馬塞蘭起司（Saint-Marcellin）、斯蒂爾頓起司（Blue Stilton）、邦翁起司（Banon）、瓦朗賽起司（Valencay）、布里亞薩瓦漢起司（Brillat Savarin）、米莫雷特起司（Mimolette）、朗格瑞斯起司（Langres）
秋	古岡左拉起司（Gorgonzola）、切達起司（Cheddar）、訥沙泰勒起司（Neufchatel）、巴拉特起司（Baratte）、莫城布利起司（Brie de Meaux）、里伐羅特起司（Livarot）
冬	伊泊斯起司（Epoisses）、歐娑·伊拉堤起司（Ossau-Iraty）、諾曼第卡門貝爾起司（Camembert de Normandie）、康堤起司（Comte）、沙比舒起司（Chabichou du Poitou）、羅克福起司（Roquefort）

＊p.14～20的天然起司難以分類，因此起司種類以顏色作區分。

＊除了堅果類與水果乾之外，也能加上蘋果或櫻桃蘿蔔等新鮮蔬果，使外觀與風味更具變化。

美味起司的搭配祕訣
～飲品篇～

搭配紅酒

用葡萄酒搭配起司時，最重視熟成時間長短所造就的「風味強度」是否取得平衡。基本上新鮮且具果香味的紅酒，適合搭配熟成時間短的起司；酒體飽滿的紅酒，則應選擇熟成後起司。

倘若紅酒的酒體輕盈，則以清爽且具乳香味的新鮮起司、熟成時間短的白黴起司、洗皮起司等為佳。酒齡短的紅酒，可透過藍黴起司溫潤的鹹味，突顯出酸味中的水果香氣。

酒體飽滿、香氣強勁的紅酒，最好選擇酸味適中且風味沉穩的起司。濃郁綿密的起司，則適合單寧含量高的紅酒。口感較為沉穩的紅酒，也很適合搭配柔軟的山羊起司。

Cheese

Red wine

適合的起司

 酒體輕盈
卡門貝爾起司（Camembert ➡ p.31）、謝河畔瑟萊起司（Selles-sur-Cher ➡ p.47）、路可隆起司（Roucoulons ➡ p.74）、芳提娜起司（Fontina ➡ p.113）

 酒體中等
聖歐班起司（Le Saint Aubin ➡ p.33）、米莫雷特起司（Mimolette ➡ p.57）、霍依起司（Rouy ➡ p.75）、加普隆起司（Gaperon ➡ p.93）、布拉起司（Bra ➡ p.112）

 酒體飽滿
莫城布利起司（Brie de Meaux ➡ p.40）、古岡左拉起司（Gorgonzola ➡ p.102）、伊迪亞薩瓦爾起司（Idiazábal ➡ p.132）、莫西亞山羊紅酒起司（Queso de Murcia al Vino ➡ p.135）

起司一入口，組織就會崩解與飲品融為一體，使美味更加升級！
這種幸福的組合，可用天作之合來形容。
與起司的結合有無限可能性，大家盡量放手一試吧！

搭配白酒

　　一般認為起司與葡萄酒以同產地或鄰近產地的產品風味最為搭配，舉例來說，產自馬孔的清爽白酒，就很適合搭配同產地的山羊起司。

　　不過日本的白酒大多會區分成甜味與辛味兩種，一般人習慣將鹹味明顯的藍黴起司與甜味的葡萄酒作搭配，尤其是羅克福起司（Roquefort）與索泰爾內貴腐酒的組合最具特色。

　　帶有酸味，圓潤濃郁且酒體中等的白酒，適合經熟成後風味溫和的山羊起司、MG60％以上風味綿密的起司等等。放在樽內熟成，芳香迷人的葡萄酒，則適合搭配風味圓潤醇厚且具堅果香氣的硬質起司。用來搭配白酒的起司十分多樣化。

Cheese
×
White wine

適合的起司

甜味	羅克福起司（Roquefort ➡ p.82）、馬斯卡彭起司（Mascarpone ➡ p.104）、克拉哈起司（Kracher ➡ p.141）
中等	克勞汀・德・查維格諾爾起司（Crottin de Chavignol ➡ p.47）、波弗特起司（Beaufort ➡ p.63）、孟德爾起司（Mont d'Or ➡ p.70）、坎伯佐拉起司（Cambozola ➡ p.137）
辛味	芒斯特起司（Munster ➡ p.53）、康堤起司（Comte ➡ p.60）、格呂耶爾起司（Gruyère ➡ p.126）、埃德姆起司（Edam ➡ p.148）、卡斯特洛白黴起司（Castello® Creamy White ➡ p.158）

美味起司的祕密

美味起司的搭配祕訣
～飲品篇～

搭配氣泡酒

Cheese
×
Sparkling wine

　　氣泡酒或蘋果酒的綿密氣泡，一入口便吹彈可破，十分迷人，與入口即化的起司最為對味。用來搭配口感柔軟且脂肪含量高的白黴起司，或是乳香十足的洗皮起司，保證為不敗組合。想飽嚐綿密氣泡與起司滑順質地的人，也能選擇具有微微酸味，以及口感宛如絲綢入口即化的新鮮起司作搭配。

　　想要搭配氣泡酒當中鮮醇餘韻繚繞的香檳，則以同樣產自香檳地區的洗皮起司為佳。另外也很推薦會出現氨基酸結晶，經長時間熟成的硬質起司，以及熟成後質地較硬的山羊起司。

適合的起司

甜味、蘋果酒	諾曼第卡門貝爾起司（Camembert de Normandie ➡ p.30）、龐特伊維克起司（Pont l'Eveque ➡ p.34）、柑曼怡布利起司（Brie au Grand Marnier ➡ p.42）、拉杜爾起司（La Tur ➡ p.105）
辛味	阿邦當斯起司（Abondance ➡ p.64）、亞佩里菲雷起司（Aperifrais ➡ p.70）、巴拉卡起司（Baraka ➡ p.76）
香檳	朗格瑞斯起司（Langres ➡ p.53）、查爾斯起司（Chaource ➡ p.54）、吉肯開塞多爾特起司（Ziegenkäsetorte ➡ p.141）

搭配餐後酒

一般於餐後飲用，例如像威士忌、白蘭地這類的蒸餾酒，因酒精濃度較高，適合搭配經長時間熟成且質地堅硬的起司。若要配合產地，像是具有荷蘭刺柏香氣的傑內巴（Jenever，琴酒的一種），就能選擇米莫雷特起司（Mimolette）作搭配。而義大利的渣釀白蘭地（使用釀製紅酒的葡萄渣製造而成的蒸餾酒）則推薦帕馬森起司（Parmigiano Reggiano）。

來到最後的甜點時間，想要品酒搭起司時，不妨嘗試波特酒（釀製過程中加入白蘭地停止發酵，保留甜味的葡萄牙製葡萄酒）與傳統英式起司的組合。當然也與葡萄牙生產、充滿乳香的綿羊乳起司十分對味。

Cheese × Spirits

適合的起司

威士忌 康堤起司（Comte ➡ p.60）、帕馬森起司（Parmigiano Reggiano ➡ p.107）、伊迪亞薩瓦爾起司（Idiazábal ➡ p.132）、馬洪起司（Mahón ➡ p.132）

白蘭地 伊泊斯起司（Epoisses ➡ p.71）、馬斯卡彭起司（Mascarpone ➡ p.104）

波特酒 特拉普德須爾拿科起司（Trappe d'Echourgnac ➡ p.97）、斯蒂爾頓起司（Blue Stilton ➡ p.165）

美味起司的祕密

美味起司的搭配祕訣
～飲品篇～

搭配啤酒

淡色啤酒

啤酒和起司一樣，類型、香氣、風味十分多樣化，不妨試著與起司混搭看看，說不定會有天作之合的新發現。

在日本最常飲用的啤酒，就是被稱作拉格啤酒（Lager，下層發酵的啤酒）的比爾森啤酒。這種啤酒風味簡樸，具有苦味，因此比較適合搭配帶有鹹味且風味溫潤的起司，或者是辛香味明顯的起司。除此之外，淡色啤酒還包含果香十足的小麥啤酒，以及口感近似香檳、容易入口的科隆啤酒等等。

偏深色啤酒

偏深色的啤酒當中，有愛爾啤酒（Ale，上層發酵的啤酒），顏色與風味濃厚、蛇麻香氣強勁的淡色愛爾啤酒（Pale Ale），以及香氣來自麥芽，帶甜味的棕色愛爾啤酒（Brown Ale），甚至還有內含果香酸味的紅色愛爾啤酒（Red Ale）等。本書將富含果香風味、融入獨特酸味的自然發酵啤酒（Fruit Lambic），納入偏深色啤酒的類別當中作介紹。

這些偏深色的啤酒，原產地位在比利時及英國，也和利用當地啤酒洗浸後的起司、風味稍微強勁的起司十分對味。酸酸甜甜的自然發酵啤酒，則適合搭配甜點風格的起司。

 適合的起司

 小麥啤酒 — 白起司（Fromage Blanc ➡ p.33）、聖安德烈起司（Saint-Andre ➡ p.92）、拉杜爾起司（La Tur ➡ p.105）、坎伯佐拉司（Cambozola ➡ p.137）

 科隆啤酒 — 查爾斯起司（Chaource ➡ p.54）、帕馬森起司（Parmigiano Reggiano ➡ p.107）、馬札瑞拉起司（Mozzarella ➡ p.115）、茶臼岳起司（ p.180）

 比爾森啤酒 — 米莫雷特起司（Mimolette ➡ p.57）、加普隆起司（Gaperon ➡ p.93）、高山香草革命起司（Mountain Herbs Rebel ➡ p.139）、高達起司（Gouda ➡ p.145）、亞佩堤那菲達起司（Apeteina® FETA ➡ p.159）

適合的起司

水果啤酒 — 卡門貝爾起司（Camembert ➡ p.31）、羅卡馬杜起司（Rocamadour ➡ p.87）、白色斯蒂爾頓起司（White Stilton ➡ p.169）

 淡色愛爾啤酒 — 瑪瑞里斯起司（Maroilles ➡ p.52）、艾爾唯起司（Herve ➡ p.143）、切達起司（Cheddar ➡ p.167）

 紅&棕愛爾啤酒 — 莎比雪起司（Chaumes ➡ p.86）、奇美啤酒洗皮起司（Chimay à la Chimay Rouge ➡ p.143）、哈伐第起司（Creamy Havarti ➡ p.155）

深色啤酒

　　搭配深黑色的啤酒時，有幾點需要特別留意。深色啤酒包含具有焦香感，風味濃郁且帶有甜味的波特啤酒（愛爾啤酒），還有風味清爽淡雅的黑麥啤酒（Dunkel，拉格啤酒），甚至於大麥煙燻啤酒（Rauch，拉格啤酒）也是屬於深色啤酒之一，請先分辨這些啤酒的風味屬性再作選擇。

　　若為風味個性鮮明的波特啤酒，可搭配脂肪含量高，風味濃醇的起司。若為黑麥啤酒，則以表面經過稍微洗浸，質地堅硬的起司為佳。如果是大麥煙燻啤酒，不妨嘗試同樣經過煙燻所製成的起司。

Cheese × Beer

適合的起司

 大麥煙燻啤酒　斯卡摩扎煙燻起司（Scamorza Affumicata ➡ p.121）、伊迪亞薩瓦爾起司（Idiazábal ➡ p.132）

 黑麥啤酒　瑞布羅申起司（Reblochon de Savoie ➡ p.64）、路德威黑啤酒起司（König Ludwig Bierkäse ➡ p.138）

 波特啤酒　特拉普德須爾拿科起司（Trappe d'Echourgnac ➡ p.97）、愛爾蘭波特起司（Irish Porter ➡ p.168）

美味起司的搭配祕訣
～飲品篇～

搭配日本酒

　　日本酒為日本固有的酒類，與各種起司的搭配度高，十分百搭。有些日本酒具有果香甜味，有的則帶有刺激性的辛味，也有口感濕潤、風味濃醇的日本酒。近年來甚至推出了加入水果的雞尾酒風味日本酒，也能品嚐到發泡類的日本酒，種類多元。各式日本酒都能與起司搭配享用。

　　與任何起司都容易作搭配的日本酒，有具酸味且風味高雅清爽的發泡類日本酒，以及濃醇飽滿且香醇的純米酒。如何分辨甜味與辛味有何不同，只要參考白酒品嚐方式即可。

　　反過來說，適合各種日本酒的起司，就是可以品嚐到氨基酸鮮醇味，經長時間熟成質地堅硬的起司。

適合的起司

 發泡酒　布里亞薩瓦漢起司（Brillat Savarin ➡ p.43）、羅克福起司（Roquefort ➡ p.82）、馬札瑞拉起司（Mozzarella ➡ p.115）

甜味　爵亨精選藍黴起司（Gerard Selection Fromage Blue ➡ p.77）、佛姆德蒙布里松起司（Fourme de Montbrison ➡ p.78）、塔雷吉歐起司（Taleggio ➡ p.106）

辛味　謝河畔瑟萊起司（Selles-sur-Cher ➡ p.47）、米莫雷特起司（Mimolette ➡ p.57）、康堤起司（Comte ➡ p.60）、帕馬森起司（Parmigiano Reggiano ➡ p.107）、馬洪起司（Mahón ➡ p.132）

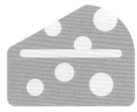

Cheese
×
Sake

搭配咖啡&茶

　　起司可搭配咖啡、紅茶、日本茶一起享用，雖然這些茶類風格迥異，無法一概而論，但是在選擇適合搭配的起司時，只要不會折損飲品原本具有的特殊纖細香氣、澀味、苦味，香氣溫和且風味圓潤的起司即可。

　　舉例來說，品嚐日本茶時，若為平時常喝的煎茶，則推薦搭配熟成時間短、質地堅硬的起司。芳香濃郁的烘培茶，應選擇具堅果濃醇味，風味簡樸的起司。抹茶可以搭配綿密且濃郁的起司。除此之外，只要考量到風味的協調度，法國或義大利的起司可以嘗試搭配咖啡（義式濃縮咖啡），英國的起司則可試試與紅茶或香草茶一起享用。

Cheese
×
Coffee & Tea

適合的起司

咖啡	布里亞薩瓦漢起司（Brillat Savarin ➡ p.43）、馬斯卡彭起司（Mascarpone ➡ p.104）、傑托斯特起司（Gjetost ➡ p.161）、二世古 空〔ku:〕起司（➡ p.178）
紅茶、香草茶	特拉普德須爾拿科起司（Trappe d'Echourgnac ➡ p.97）、拉杜爾起司（La Tur ➡ p.105）、鼠尾草德比起司（Sage Derby ➡ p.168）、白色斯蒂爾頓起司（White Stilton ➡ p.169）
日本茶	米莫雷特起司（Mimolette ➡ p.57）、康堤起司（Comte ➡ p.60）、馬斯卡彭起司（Mascarpone ➡ p.104）、巴席隆起司「芥末」（Basiron ➡ p.149）

美味起司的搭配祕訣
～食物篇～

搭配肉類料理

　　鮮醇成分包含穀氨酸、肌苷酸、單磷酸鳥苷等等。穀氨酸屬於氨基酸的一種，這種物質富含於昆布或起司當中。而肉類及魚類中內含的肌苷酸，菇類中內含的單磷酸鳥苷，則屬於核酸之一。將氨基酸類別的鮮醇成分，搭配上核酸類別的鮮醇成分，就能營造出無窮的美妙滋味。

　　因此將肉類配上起司一起品嚐，就會變得更加好吃。例如牛腰肉切成薄片後，撒上芝麻菜與刨成薄片的帕馬森起司（Parmigiano Reggiano），就能完成一道生牛肉冷盤（Carpaccio）。夾入切達起司（Cheddar），料理成汁多味美的起司漢堡，在世界各地也是人氣鼎盛。

Cheese
×
Meat

適合的起司

 康塔爾起司（Cantal ➡ p.96）搭配培根與馬鈴薯料理成的法式烘餅（Truffade）／塔雷吉歐起司（Taleggio ➡ p.106）夾入牛肉捲中

 羅克福起司（Roquefort ➡ p.82）醬汁佐烤牛肉／加普隆起司（Gaperon ➡ p.93）醬汁佐嫩煎雞肉

 康堤起司（Comte ➡ p.60）搭配煙燻香腸／里考塔起司（Ricotta ➡ p.118）搭配生火腿／埃文達起司（Emmentaler ➡ p.125）搭配火腿薄片

直接吃就無比美味的起司，
若再與其他的食材一起料理，
無論作為主角或是配角，都能成就一道佳餚。

搭配魚類料理

　　用起司烹調魚類料理？大家可能會摸不著頭緒，但是用奶油起司與煙燻鮭魚料理而成的三明治可是經典菜色。魚類中含有肌苷酸，甲殼類含有單磷酸腺苷，這些都是核酸類別的鮮醇成分，因此起司搭配海鮮也能激發相輔相乘的效果，使美味度倍增。

　　容易與其他風味調和的起司，以具清爽酸味且風味綿密的新鮮起司，還有鮮醇味與香氣皆十分強勁的硬質起司為佳。除此之外，洗皮起司的香氣與濃醇度，也意外地與魚類料理十分合拍。風味濃醇帶甜味，質地堅硬的綿羊乳起司，則與義式冷盤這類的生食十分對味。

Cheese
×
Fish

適合的起司

燒烤
龐特伊維克起司（Pont l'Eveque ➡ p.34）
搭配焗烤扇貝、波羅伏洛起司（Provolone Valpadana ➡ p.114）搭配香烤牡蠣

加熱融化
格呂耶爾起司（Gruyère ➡ p.126）混合蛋黃料理而成的「起司白醬」佐舌鰨

作為醃料
歐娑・伊拉堤起司（Ossau-Iraty ➡ p.94）佐生鮪魚冷盤、奶油起司（Anchor™ Cream cheese ➡ p.172）佐煙燻鮭魚

美味起司的搭配祕訣
～食物篇～

搭配麵包

葡萄酒、麵包、起司可說是完美和協的搭配食物，比方將柔軟的起司擺在麵包上，鹹味強勁的起司再藉由葡萄酒緩和刺激性，三者間合理地彼此消長與融合。

適合搭配各式起司的麵包，像是法式長棍麵包這類風味簡樸的法國麵包或蘇打餅乾。質地柔軟、風味綿密的起司，則適合口感柔軟的布莉歐麵包與牛角麵包。帶酸味的裸麥麥包，也與起司十分對味。

具有特殊氣味的起司，可以用來搭配內含葡萄乾或堅果這類個性獨具的麵包。藍黴起司則與葡萄乾麵包或偏酸的麵包極為合拍，山羊起司或洗皮起司很適合與內含堅果的麵包一起享用。

搭配水果、堅果

只要在起司盤上稍微添加些水果或堅果類，視覺感觀馬上就會變得繽紛多彩、奢華豐盛。甜味明顯的水果乾或蜂蜜，可淡化起司的鹹味，堅果能突顯起司飽滿的香氣，再者這些食材隨手可得，可妥善運用，而且清新的水果一入口，還能發揮清味蕾的功能。新鮮起司適合莓果類，白黴起司可搭配蘋果，山羊起司可與無花果一起享用，藍黴起司用來搭配葡萄或洋梨最為美味出眾。

當然也與蔬菜十分對味，例如馬札瑞拉起司（Mozzarella）可搭配番茄，佩科里諾羅馬諾起司（Pecorino Romano）可搭配蠶豆，洗皮起司或山區起司則不妨與馬鈴薯一起享用。

適合的起司

法式長棍麵包　大部分的起司都適合

葡萄乾、堅果麵包　藍黴起司、山羊起司、洗皮起司

布莉歐麵包　新鮮起司、濃厚綿密的柔軟起司

適合的起司

水果　卡門貝爾起司（Camembert ➡ p.31）×蘋果／古岡左拉起司（Gorgonzola ➡ p.102）×洋梨／馬斯卡彭起司（Mascarpone ➡ p.104）×草莓

堅果　山區起司×榛果／硬質起司、山羊起司、藍黴起司×核桃／切達起司（Cheddar ➡ p.167）×杏仁

蔬菜　爵亨洗皮起司（Gerard Fromage Roux ➡ p.36）×馬鈴薯／古岡左拉馬斯卡彭起司（Gorgonzola Mascarpone ➡ p.103）×羅勒

起司保存方法
CHEESE KEEPING

起司首重「濕潤感」，
買回家後記得盡早食用。

須以保鮮膜包覆
避免起司變乾燥

保存起司時，最重要的就是盡量避免起司變乾燥。基本上須以保鮮膜緊密包覆切口，再放入密封容器中冷藏保存。新鮮起司要放在冷藏庫溫度最低（0～3℃）的地方，其他類型的起司則放在5～10℃左右的地方冷藏即可。

除此之外，富含濕潤水分的山羊起司若是包覆的太緊密，有時會產生濕氣，所以應等表面稍微乾燥後，再輕輕地包裹起來就好。形狀容易崩散，視陽光為大敵的藍黴起司，用保鮮膜包裹後需要再用鋁箔紙包起來。起司各有各的特色，需要用不同的方式進行保存。也可將木炭放入密封容器中，有助於消臭與調節濕氣。

各種起司的保存方式

新鮮起司

以杯狀容器包裝的新鮮起司，可以連同外包裝直接放在0～3℃的地方保存，且開封後應盡早食用完畢。

白黴起司

用鋁箔紙折成「封口蓋」蓋在切口上，然後再將整塊白黴起司用保鮮膜輕輕包裹起來，放在8～10℃的地方保存。

洗皮起司

用保鮮膜輕輕地蓋住，避免洗皮起司產生濕氣。若為表面乾燥的洗皮起司，可將紗布沾濕擰乾後再包裹起來。

山羊起司

待表面稍微乾燥後，再用保鮮膜輕輕地蓋上去，以避免山羊起司產生濕氣，然後放在6～8℃的地方保存。

藍黴起司

用保鮮膜包裹後，外層再用鋁箔紙包起來，並以放在約5℃恆溫的地方保存最為理想。

半硬質起司、硬質起司

為避免接觸空氣，須以保鮮膜將切口緊密包覆，放在溫度稍高，6～10℃的地方保存。也可以置於冰箱蔬菜室中保存。

各種問題的處理方式

 乾燥 移至不會直接吹到冷風的地方，並將沾濕的廚房紙巾放在冰箱裡。

 發霉 將起司上繁殖的黴菌局部去除，並處理濕氣過多的問題。

 潮濕、產生濕氣 用廚房紙巾將水分擦乾，掀開保鮮膜使表面稍微乾燥後，再輕輕包上新保鮮膜。

起司名店介紹
CHEESE SPOT

玩味起司的方法有很多種，
可上專賣店品嚐專家推薦的好滋味，也能體驗起司製作的樂趣，
更多的起司魅力正等待著你去發掘！

嚐遍全世界起司的專賣店

東京都

Fermier

　　這是一家遠近馳名的天然起司專賣店，全日本共有5家直營門市，但以愛宕分店種類最為豐富。每個星期都會從巴黎或米蘭空運起司至日本，倉庫隨時備有200種以上的起司。

　　在附設的餐飲空間點一份當日推薦的「綜合起司盤」，就能品嚐到3、4種起司的組合，還能來杯葡萄酒或正統的義式濃縮咖啡等飲品作搭配。除此之外，也接受飯店等單位的外燴服務，以及企業或個人的客製化起司盤訂單。

DATA

住址	東京都港區愛宕1-5-3 愛宕AS大樓1樓
營業時間	11：00～19：00
公休日	星期日、國定假日、12月31日、1月1日、夏季公休日 ※有時會視狀況於星期日或國定假日營業
官網	https://www.fermier.co.jp/c/shop_atago.php

品嚐日本起司的酒吧

`神奈縣`
湘南Farm

　　來到這家酒吧，就能品嚐到日本天然起司，而且眼前的吧台上會展示出約莫40餘種的起司，從中分切出客人點用的分量。

　　酒吧老闆為通過C.P.A起司專家認證的柴本幹也先生，他認為「在日本也不乏起司製作狂熱者」，所以每天持續在店裡舉辦活動，推廣日本起司風氣。而且該店所提供的葡萄酒也堅持選用日本國產貨，用來搭配國產起司當然是天作之合、無比絕配。每隔二個月也會舉辦一次「在古民家享用日本葡萄酒與日本起司」的活動。

DATA

住址	神奈川縣藤澤市南藤澤9-2
營業時間	17：00～23：00
公休日	星期日、國定假日
	※會有夏季公休日與臨時公休日
官網	https://www.facebook.com/shonanfarm

體驗動手做的牧場

`兵庫縣`
六田山牧場

　　六甲山牧場內的「草場夢工坊」，會開設自己動手做起司的體驗課程，可製作茅屋起司（Cottage Cheese）與起司條這二種起司，做好的起司也能當場試吃，或是帶回家享用。自己親手完成的起司，吃起來特別美味。

　　此外在牧場裡的「六甲山Q.B.B起司館」內，還有展示起司相關物品，也能參觀起司工廠。館內餐廳還提供由起司工廠生產，名為神戶起司的卡門貝爾起司（Camembert）大量烹調而成的料理。

DATA

住址	兵庫縣神戶市灘區六甲山町中一里山1-1
營業時間	9：00～17：00
公休日	夏季（4～10月）無公休日／冬季（11～3月）星期二公休
	※若星期二為國定假日時，擇於翌日公休
官網	http://www.rokkosan.net/

＊自己動手做的體驗課程會有所變動，詳情請參閱官網資訊。

起司認證執照

起司相關認證執照五花八門，除了大家經常談論的認證之外，
有些還能在工作場合派上用場。
現在就來為大家介紹最具代表性的檢定及認證執照。

先從基礎開始挑戰！

C.P.A起司檢定

對起司有興趣的人，首先要接受的檢定就是C.P.A起司檢定。每年於春季及秋季舉行二次，無論是起司入門者或是起司行家，人人都可以接受檢定。一旦通過檢定，就能取得「Comrade of Cheese」的封號，也就是起司之友的意思，可獲頒認證徽章，取得合格證書。通過檢定後，就會對起司有更進一步的了解。

檢定分成二個部分，第一個部分為講習會，第二個部分為檢定考試。考試內容會從報名檢定後所寄發的教科書，以及當天講習會中出題。

詳細內容請參閱http://www.cheesekentei.com/

再往專業執照邁進！

起司專業執照認證考試

這是在測驗販賣起司或提供服務時必須具備的專業知識，以及起司處理技能的考試。報考人員在報考年度須具備C.P.A全期個人會員資格，一通過考試後，「起司專業執照」就會獲得認證登錄。截至2014年為止，日本已有2,479名起司認證專家誕生，在全國各地積極推廣起司的魅力。

考試共分為二個階段，僅有第一階段考試合格的人，才能接受第二階段考試。第二階段考試除了記述之外，也會有盲檢試驗以及現場服務實作事項等考題出現。

詳細內容請參閱http://www.cheese-professional.com/

起司用語集

以歐洲為重鎮的起司,擁有許多陌生的用語。
本章節將為大家解說起司相關用語,了解這些用語將使你對起司的世界有更深入的了解。

affumicato

為義大利文煙燻起司的意思,法文為fumet。

affine(阿菲娜起司)

為法文「熟成」的意思。意指熟成起司。義大文為stagio-nato。

apéritif

餐前酒。有時也意指搭配餐前酒的簡單下酒菜。

alpage

意指夏季於阿爾卑斯山放牧家畜的意思。移牧。義大利文為arpeggio。

A.O.P／A.O.C

A.O.P為歐盟(EU)所制定,用來保護食品原產地的原產地名稱保護制度(以法文標記)。代表當地的產物具有品質保證,其製造方法或地區等繁瑣規定都須符合要求才能打上標章,認證條件極為嚴格。A.O.C為法國自定的制度,稱作原產地命名控制。在法國未經A.O.C認證的產品,便無法向EU提出A.O.P認證申請。

caillage

為法文製造凝乳(curd)的意思。

casein標誌

標示起司品質的標誌。綠色為農家製造,紅色為工廠製造。

cave

意指用來放置起司加以熟成的熟成庫。地下儲藏熟成庫。

cheese eye

意指像埃文達起司(Emmentaler ➡ p.125)等硬質起司,具有特殊大型氣孔的意思。在長時間熟成的過程間,產生二氧化碳氣體所導致。

cendré

為法文「變成灰色」的意思,意指撒上木炭的起司。

curd

在乳酸菌或凝乳酶作用之下,使原料乳凝固成豆腐狀的物質。

dolce(多爾切起司)

為義大利文「甜」的意思。意指甜味的起司。

D.O.P／D.O.C

D.O.P為義大利、西班牙等國家所採用,由EU制定的原產地名稱保護制度。等同於法國A.O.P。D.O.C則為義大利特有的法定產地稱呼。

épicéa

樅樹的一種。利用這種樹的樹皮製作木框,作為孟德爾起司(Mont d'Or ➡ p.70)的容器。

fromagerie

意指專門販售起司的商店。也有起司製造廠的意思。

I.G.P

由歐盟(EU)所制定的食品原產地保護制度,保障當地產品的標示制度。除了須具備產地特色之外,在生產、加工、調整等過程中,也須符合與該地區有超過一個以上的關連性,但允許局部原料來自其他地區。

laitier／la fruitière

意指依循法國傳統製法,只製造單一種起司的酪農協會。

mariage(pairing)

意指飲品與料理極為搭配。尤其會用來表現與葡萄酒之間的協調度。

moulage

法文入模的意思,起司製程之一。將凝乳(curt)倒入有開孔的模具中,使之成型並脫水。

maison

為法文「家」、「商店」的意思。「Fromage maison」意指起司店獨創的加工起司(自家製)。

mold

盛裝凝乳(Curd)的模具,幫助起司成型。

morge液

可製造出堅硬表皮並使之熟成的液體。從熟成兩個月以上的起司表面採集細菌,再與鹽水混合製作而成。藉由洗浸或刷洗所形成的表皮,便稱作morge。

M.G

為法文matière grasse的簡稱,意指乳脂肪。將起司濾除水分後,固形物中所含的乳脂肪比例。

pecorino

為義大利文綿羊起司的意思。法語為brebis。

picante

為義大利文具刺激辛味的起司。法文為pico。

salage

為法文在起司裡加入鹽的意思。需要熟成的起司一定會進行這個步驟。

sec／demi sec

為法文乾燥變硬的起司。用來形容葡萄酒時,則意指辛味的葡萄酒。demi有一半的意思。

rennet

使原料乳凝固的凝乳酶英文名稱。原本意指從小牛胃部萃取而出的酵素。現在大多使用從微生物中萃取而出的酵素。

terroir

為法文當地風土特色的意思。

vecchio

意指長期熟成的起司。

天然起司

將乳酸菌或酵素加入牛乳、山羊乳、綿羊乳等原料乳中使其凝固,再從中濾除乳清(Whey),並加以發酵、熟成後的起司。乳酸菌會呈現存活的狀態。

工廠製起司

自他處收購原料乳所製成的起司。大量生產的起司會使用殺菌過的原料乳,以確保安全性,保持穩定的品質。

農家製起司

採用自家生產的原料乳所製成的起司。原料乳的運送距離短,所以大多使用無殺菌乳,藉由原料乳中內含的自然微生物等細菌,釀蘊出當地獨特的風味。容易呈現出不同生產者個性迥異的風味。

紡絲型起司

在熱水中攪拌凝乳(curd),以形成纖維狀組織的製法。常見於馬札瑞拉起司(Mozzarella ➡ p.115)這類原產自南義大利的起司。

加工起司

由一種或數種天然起司作為原料所製成的起司。將原料起司加熱使其乳化再成型後,於無菌狀態下進行包裝,因此不會出現熟成變化。

布利起司(Brie)

意指由牛乳製成,柔軟的白黴起司。大多為體積龐大的圓盤型。

全脂乳

內含完整乳脂肪含量的原料乳。意指成分無調整的原料乳。

脫脂乳

已去除乳脂肪的原料乳。

雙倍乳脂／三倍乳脂

在原料乳中添加鮮奶油，使原料乳的乳脂肪含量增加，用來製作質地柔軟的起司。M.G60～75％為雙倍乳脂，超過75％則為三倍乳脂。

無殺菌乳

意指未經殺菌處理的原料乳。受歐洲原產地名稱保護的起司當中，有些會規定須使用無殺菌乳作為原料乳。使用品質理想的無殺菌乳所製成的起司，可反映出豐富的當地特色與季節風味。

凝固劑

用來凝固原料乳的酵素或酸性物質。自古便長期使用萃取自牛第四個胃部的「凝乳酶」，也有植物性的酵素。

乳清（whey）

原料乳凝固後，在製作起司的過程中所產生的液體。

渣釀白蘭地（Marc）

利用葡萄酒渣發酵後加以蒸餾所製成的白蘭地。

胭脂樹紅

由紅木種子中萃取而出的橘色食用色素。米莫雷特起司（Mimolette ➡ p.57）與紅色切達起司（Cheddar ➡ p.167）等都有使用。

山間小屋

意指在薩瓦－阿爾卑斯地區製造起司的小屋（Chalets）。

亞麻短桿菌

亞麻短桿菌（Brevibacterium linens）能賦予洗皮起司獨特風味的細菌。會分解蛋白質與脂質，釋放出如同醬菜般的強烈香氣與橘色色素。也會存在於Morge液當中。

耐長時間保存製法

將起司裝入密封容器後，經由加熱處理抑制乳酸菌與黴菌運作，使品質穩定，可耐長時間保存的製法。此類型的起司雖經過加熱處理，但缺少乳化製程，因此被歸類為天然起司。

起司名稱索引
CHEESE INDEX

A

起司英文名稱	起司中文名稱	國名	頁數
Abondance	阿邦當斯起司	法國	64
Affiderice	亞菲德里斯起司	法國	72
American Cream cheese	美國奶油起司	美國	172
Anchor™ Cream cheese	安佳奶油起司	紐西蘭	172
Aperifrais	亞佩里菲雷起司	法國	70
Apeteina® FETA	亞佩堤那菲達起司	丹麥	159
Appenzeller	阿彭策爾起司	瑞士	127
Arla BUKO	亞拉布可起司	丹麥	159
Asiago	阿夏戈起司	義大利	109

B

起司英文名稱	起司中文名稱	國名	頁數
Baby Gouda	迷你高達起司	荷蘭	147
Banon	邦翁起司	法國	89
Baraka	巴拉卡起司	法國	76
Baratte	巴拉特起司	法國	68
Basiron	巴席隆起司	荷蘭	149
Beaufort	波弗特起司	法國	63
Beemster Classic	貝姆斯特爾精典起司	荷蘭	146
Bitto	比多起司	義大利	173
Bleu d'Auvergne	布勒德奧福格起司	法國	83
Bleu de Gex	熱克斯藍黴起司	法國	79
Bleu de Graven	格雷弗司藍黴起司	荷蘭	149
Bleu de Laqueuille	拉奎爾藍黴起司	法國	86
Bleu de Termignon	泰爾米尼翁藍黴起司	法國	173
Bleu des Causses	科斯藍黴起司	法國	83
Bleu du Vercors-Sassenage	和韋爾高‧薩斯納日藍黴起司	法國	77
Blue Stilton	斯蒂爾頓起司	英國	165
Blue '61	'61藍黴起司	義大利	103
Boursault	布爾索爾起司	法國	43
Bra	布拉起司	義大利	112
Bresse Bleu	布瑞斯藍黴起司	法國	79
Brie	布利起司	法國	41
Brie au Grand Marnier	柑曼怡布利起司	法國	42
Brie de Meaux	莫城布利起司	法國	40
Brie de Melun	默倫布利起司	法國	41
Brillat Savarin	布里亞薩瓦漢起司	法國	43
Brin du Maquis	布藍德馬奇起司	法國	91
Brocciu	布羅秋起司	法國	90
Burrata	布拉塔起司	義大利	121

C

起司英文名稱	起司中文名稱	國名	頁數
Cabrales	卡伯瑞勒斯起司	西班牙	133
Caciocavallo	卡丘卡巴羅起司	義大利	117
Caille de Brebis	凱耶德布爾比起司	法國	91
Cambozola	坎伯佐拉起司	德國	137
Camembert	卡門貝爾起司	法國	31
Camembert de Normandie	諾曼第卡門貝爾起司	法國	30
Canestrato Pugliese	卡內斯多拉多普利亞塞	義大利	117
Cantal	康塔爾起司	法國	96
Caprice des Dieux	卡佩斯起司	法國	55
Casciotta	卡斯歐塔	義大利	117
Castello Creamy Blue	卡斯特洛藍黴起司	丹麥	157
Castello Creamy White	卡斯特洛白黴起司	丹麥	158
Castelmagno	卡斯泰爾馬尼奧起司	義大利	111
Casu Marzu	卡蘇馬蘇起司	義大利	117
Cebreiro	塞夫雷羅起司	西班牙	173
Chabichou du Poitou	沙比舒起司	法國	49
Chamois d'Or	查摩斯起司	法國	56
Chaource	查爾斯起司	法國	54
Charolais	夏洛來起司	法國	67
Chaumes	莎比雪起司	法國	86
Cheddar	切達起司	英國	167

起司名稱索引
CHEESE INDEX

起司英文名稱	起司中文名稱	國名	頁數
Cheshire	柴郡起司	英國	164
Chevrotin	休伯羅坦起司	法國	68
Chimay à la Chimay Rouge	奇美啤酒洗皮起司	比利時	143
Colby Jack	寇比傑克起司	美國	171
Comte	康堤起司	法國	60
Cottage Cheese	茅屋起司	一	189
Coulommiers	庫洛米耶爾起司	法國	42
Coutances	庫唐斯起司	法國	31
Creamy Havarti	哈伐第起司	丹麥	155
Crottin de Chavignol	克勞汀・德・查維格諾爾起司	法國	47
Cure Nantais	南特本堂神甫起司	法國	35

D～E

起司英文名稱	起司中文名稱	國名	頁數
Danablu	丹麥藍起司	丹麥	156
Edam	埃德姆起司	荷蘭	148
Egmont	艾格蒙起司	紐西蘭	170
Emmental	埃文達起司	法國	62
Emmentaler	埃文達起司	瑞士	125
Epicure	艾皮秋亞起司	紐西蘭	173
Epoisses	伊泊斯起司	法國	71

F～G

起司英文名稱	起司中文名稱	國名	頁數
Feta	菲達起司	希臘	186
Fontina	芳提娜起司	義大利	113
Fourme d'Ambert	佛姆德阿姆博特起司	法國	85
Fourme de Montbrison	佛姆德蒙布里松起司	法國	78
Frais Plaisir de Saint Agur	菲雷普雷吉爾德聖艾格起司	法國	84
Friendship Camembert	友誼卡門貝爾起司	丹麥	158
Fromage Blanc	白起司	法國	33
Gammelost	古代起司	挪威	160

起司英文名稱	起司中文名稱	國名	頁數
Gaperon	加普隆起司	法國	93
Gerard Camembert	爵亨卡門貝爾起司	法國	56
Gerard Fromage Roux	爵亨洗皮起司	法國	36
Gerard Selection Fromage Blue	爵亨精選藍黴起司	法國	77
Gjetost	傑托斯特起司	挪威	161
Gorgonzola Dolce	古岡左拉多爾切起司	義大利	102
Gorgonzola Mascarpone	古岡左拉馬斯卡彭起司	義大利	103
Gorgonzola Piccante	古岡左拉皮坎堤起司	義大利	102
Gouda	高達起司	荷蘭	145
Gran Monteo	格蘭蒙特歐起司	義大利	110
Grana Padano	格拉娜・帕達諾起司	義大利	108
Gruyère	格呂耶爾起司	法國	62
Gruyère	格呂耶爾起司	瑞士	126

H～L

起司英文名稱	起司中文名稱	國名	頁數
Herve	艾爾唯起司	比利時	143
Horoto	河羅特	蒙古	10
Idiazábal	伊迪亞薩瓦爾起司	西班牙	132
Irish Porter	愛爾蘭波特起司	愛爾蘭	168
König Ludwig Bierkäse	路德威黑啤酒起司	德國	138
Kracher	克拉哈起司	奧地利	141
L'ami du Chambertin	香貝丹之友起司	法國	73
La Tur	拉杜爾起司	義大利	105
Laguiole	拉吉奧爾起司	法國	97
Langres	朗格瑞斯起司	法國	53
Le Saint Aubin	聖歐班起司	法國	33
Leipäjuusto	麵包起司	芬蘭	150
Livarot	里伐羅特起司	法國	35

M

起司英文名稱	起司中文名稱	國名	頁數
Maconnais	馬孔起司	法國	66

起司名稱索引
CHEESE INDEX

Madame Loik	露伊克夫人起司	法國	37
Mahón	馬洪起司	西班牙	132
Maribo	馬里博起司	丹麥	154
Maroilles	瑪瑞里斯起司	法國	52
Mascarpone	馬斯卡彭起司	義大利	104
Mimolette	米莫雷特起司	法國	57
Mini-Buche	迷你樹幹起司	法國	45
Mont d'Or	孟德爾起司	法國	70
Montasio	蒙他西歐起司	義大利	108
Monterey Jack	傑克起司	美國	171
Morbier	莫爾比耶起司	法國	61
Mothais sur Feuille	栗子葉起司	法國	48
Mountain Herbs Rebel	高山香草革命起司	德國	139
Mozzarella	馬札瑞拉起司	義大利	115
Mozzarella	馬札瑞拉起司	丹麥	155
Mozzarella di Bufala Campana	馬札瑞拉野水牛起司	義大利	120
Munster	芒斯特起司	法國	53
Mycella	米瑟拉起司	丹麥	157

N～P

起司英文名稱	起司中文名稱	國名	頁數
Napoleon	拿破崙起司	法國	95
Neufchatel	訥沙泰勒起司	法國	32
Norvegia	挪爾北吉亞	挪威	160
Old Amsterdam	陳年阿姆斯特丹起司	荷蘭	147
Old Dutch Master	老船長高達起司	荷蘭	146
Ossau-Iraty	歐娑‧伊拉堤起司	法國	94
Parmigiano Reggiano	帕馬森起司	義大利	107
Pave d'Affinois	帕芙菲諾起司	法國	75
Pecorino Romano	佩科里諾羅馬諾起司	義大利	119
Pecorino Toscano	佩科里諾托斯卡尼起司	義大利	120
Pelardon	佩拉棟起司	法國	88
Pepper Jack	辣椒傑克起司	美國	171

Petit Agour	普堤亞格爾起司	法國	95
Piave	皮亞韋起司	義大利	111
Picodon	比考頓起司	法國	65
Pie d'Angloys	皮耶丹古羅起司	法國	74
Pont l'Eveque	龐特伊維克起司	法國	34
Provolone Valpadana	波羅伏洛起司	義大利	114

Q～R

Queijo Serra da Estrela	埃什特雷拉山脈起司	葡萄牙	173
Queso de Murcia al Vino	莫西亞山羊紅酒起司	西班牙	135
Queso de Valdeón	巴爾得翁起司	西班牙	134
Queso Manchego	曼徹格起司	西班牙	131
Queso Tetilla	迭地亞起司	西班牙	133
Raclette	拉可雷特起司	瑞士	129
Reblochon de Savoie	瑞布羅申起司	法國	64
Ricotta	里考塔起司	義大利	118
Ricotta de Bufala	水牛里考塔起司	義大利	173
Ridder	騎士起司	挪威	161
Rigotte de Condrieu	利哥特孔得里 起司	法國	66
Robiola	盧比歐拉起司	義大利	105
Rocamadour	羅卡馬杜起司	法國	87
Roquefort	羅克福起司	法國	82
Roucoulons	路可隆起司	法國	74
Rouy	霍依起司	法國	75
Rove des Garrigues	羅福德格里古起司	法國	89

S～Z

起司英文名稱	起司中文名稱	國名	頁數
Sage Derby	鼠尾草德比起司	英國	168
Saint Agur	聖艾格起司	法國	84
Saint Morgon	聖摩恭起司	法國	37
Saint-Andre	聖安德烈起司	法國	92

Sainte-Maure	聖莫爾起司	法國	45
Sainte-Maure de Touraine	聖莫爾德圖蘭起司	法國	44
Saint-Marcellin	聖馬塞蘭起司	法國	69
Saint-Nectaire	聖內克泰爾起司	法國	92
Saint-Nicolas	聖尼古拉斯起司	法國	88
Samsoe	薩姆索起司	丹麥	153
Sant-Felicien	聖費利西安起司	法國	69
Sbrinz	史普林起司	瑞士	127
Scamorza Affumicata	斯卡摩扎煙燻起司	義大利	121
Schabziger	格拉魯斯起司	瑞士	173
Select Camembert	精選卡門貝爾起司	德國	138
Selles-sur-Cher	謝河畔瑟萊起司	法國	47
Shropshire Blue	羅普藍黴起司	英國	166
Soumaintrain	蘇曼特蘭起司	法國	72
Steppen	史特佩起司	德國	139
Supreme	頂級起司	法國	55
Taleggio	塔雷吉歐起司	義大利	106
Tête de Moine	僧侶頭起司	瑞士	128
Tiroler Graukase	提洛爾白黴起司	奧地利	140
Tomme de Savoie	薩瓦多姆起司	法國	61
Trappe d'Echourgnac	特拉普德須爾拿科起司	法國	97
Ubriaco	烏布里亞可起司	義大利	110
Valencay	瓦朗賽起司	法國	46
West Country Farmhouse Cheddar	西部鄉村農家切達起司	英國	166
White Stilton	白色斯蒂爾頓起司	英國	169
Ziegenkäsetorte	吉肯開塞多爾特起司	奧地利	141

「鶴居」銀標天然起司		日本	177
二世古 空〔ku:〕起司		日本	178
現做莫札瑞拉起司		日本	179
高梨北海道馬斯卡彭起司		日本	179
茶臼岳起司		日本	180
宮坂法式起司		日本	181
盧比歐拉大和起司		日本	181

＊日本的加工起司於p.182～183中作介紹。

其他

起司中文名稱	國名	頁數
蘇	日本	10
喀林帕	日本	176
花畑牧場十勝拉可雷特起司	日本	177

起司種類索引
CHEESE INDEX

新鮮起司

起司英文名稱	起司中文名稱	國名	頁數
Apeteina® FETA	亞佩堤那菲達起司	丹麥	159
Arla BUKO	亞拉布可起司	丹麥	159
Aperifrais（Provence／Italie）	亞佩里菲雷起司（普羅旺斯風味／義大利風味）	法國	70
American Cream cheese	美國奶油起司	美國	172
Anchor™ Cream cheese	安佳奶油起司	紐西蘭	172
Gjetost	傑托斯特起司	挪威	161
Caille de Brebis	凱耶德布爾比起司	法國	91
Gorgonzola Mascarpone	古岡左拉馬斯卡彭起司	義大利	103
－－－－	高梨北海道馬斯卡彭起司	日本	179
Brillat Savarin	布里亞薩瓦漢起司	法國	43
Frais Plaisir de Saint Agur	菲雷普雷吉爾德聖艾格起司	法國	84
Brocciu	布羅秋起司	法國	90
Fromage Blanc	白起司	法國	33
Mascarpone	馬斯卡彭起司	義大利	104
Madame Loik	露伊克夫人起司（蒜味／鮭魚）	法國	37
La Tur	拉杜爾起司	義大利	105
Ricotta	里考塔起司	義大利	118

柔軟起司（白黴起司）

起司英文名稱	起司中文名稱	國名	頁數
Caprice des Dieux	卡佩斯起司	法國	55
Gaperon	加普隆起司	法國	93
Camembert	卡門貝爾起司	法國	31
Camembert de Normandie	諾曼第卡門貝爾起司	法國	30
Castello Creamy White	卡斯特洛白黴起司	丹麥	158
Coutances	庫唐斯起司	法國	31
Coulommiers	庫洛米耶爾起司	法國	42
Saint-Andre	聖安德烈起司	法國	92
Gerard Camembert	爵亨卡門貝爾起司	法國	56
Chaource	查爾斯起司	法國	54
Chamois d'Or	查摩斯起司	法國	56
Supreme	頂級起司	法國	55
Select Camembert	精選卡門貝爾起司	德國	138
Neufchatel	訥沙泰勒起司	法國	32
Pave d'Affinois	帕芙菲諾起司	法國	75
Baraka	巴拉卡起司	法國	76
Brie	布利起司	法國	41
Brie au Grand Marnier	柑曼怡布利起司	法國	42
Brie de Melun	默倫布利起司	法國	41
Brie de Meaux	莫城布利起司	法國	40
Boursault	布爾索爾起司	法國	43
Friendship Camembert	友誼卡門貝爾起司	丹麥	158

柔軟起司（洗皮起司）

起司英文名稱	起司中文名稱	國名	頁數
Affiderice	亞菲德里斯起司	法國	72
Epoisses	伊泊斯起司	法國	71
Herve	艾爾唯起司	比利時	143
Cure Nantais	南特本堂神甫起司	法國	35
Le Saint Aubin	聖歐班起司	法國	33
Saint Morgon	聖摩恭起司	法國	37
Gerard Fromage Roux	爵亨洗皮起司	法國	36
Chaumes	莎比雪起司	法國	86
Soumaintrain	蘇曼特蘭起司	法國	72

起司種類索引
CHEESE INDEX

Taleggio	塔雷吉歐起司	義大利	106
Pie d'Angloys	皮耶丹古羅起司	法國	74
Pont l'Eveque	龐特伊維克起司	法國	34
Maroilles	瑪瑞里斯起司	法國	52
Munster	芒斯特起司	法國	53
Mont d'Or	孟德爾起司	法國	70
L'ami du Chambertin	香貝丹之友起司	法國	73
Langres	朗格瑞斯起司	法國	53
Livarot	里伐羅特起司	法國	35
Rouy	霍依起司	法國	75
Roucoulons	路可隆起司	法國	74
－ － － －	盧比歐拉大和起司	日本	181

柔軟起司（山羊起司）

起司英文名稱	起司中文名稱	國名	頁數
Valencay	瓦朗賽起司	法國	46
Crottin de Chavignol	克勞汀・德・查維格諾爾起司	法國	47
Saint-Nicolas	聖尼古拉斯起司	法國	88
Sainte-Maure	聖莫爾起司	法國	45
Sainte-Maure de Touraine	聖莫爾德圖蘭起司	法國	44
Chabichou du Poitou	沙比舒起司	法國	49
Charolais	夏洛來起司	法國	67
Selles-sur-Cher	謝河畔瑟萊起司	法國	47
－ － － －	茶臼岳起司	日本	180
Ziegenkäsetorte	吉肯開塞多爾特起司	奧地利	141
Banon	邦翁起司	法國	89
Baratte	巴拉特起司	法國	68
Picodon	比考頓起司	法國	65
Pelardon	佩拉棟起司	法國	88
Maconnais	馬孔起司	法國	66
Mini-Buche	迷你樹幹起司	法國	45
Mothais sur Feuille	栗子葉起司	法國	48

Rigotte de Condrieu	利哥特孔得里 起司	法國	66
Rove des Garrigues	羅福德格里古起司	法國	89
Rocamadour	羅卡馬杜起司	法國	87

柔軟起司（綿羊起司）

起司英文名稱	起司中文名稱	國名	頁數
Brin du Maquis	布藍德馬奇起司	法國	91

柔軟起司（其他）

起司英文名稱	起司中文名稱	國名	頁數
Queso Tetilla	迭地亞起司	西班牙	133
Sant-Felicien	聖費利西安起司	法國	69
Saint-Marcellin	聖馬塞蘭起司	法國	69
－ － － －	宮坂法式起司	日本	181
White Stilton	白色斯蒂爾頓起司	英國	169
Robiola	盧比歐拉起司	義大利	105

藍黴起司

起司英文名稱	起司中文名稱	國名	頁數
Cabrales	卡伯瑞勒斯起司	西班牙	133
Cambozola	坎伯佐拉起司	德國	137
Castello Creamy Blue	卡斯特洛藍黴起司	丹麥	157
Kracher	克拉哈起司	奧地利	141
Queso de Valdeón	巴爾得翁起司	西班牙	134
Gorgonzola Dolce	古岡左拉多爾切起司	義大利	102
Gorgonzola Piccante	古岡左拉皮坎堤起司	義大利	102
Gorgonzola Mascarpone	古岡左拉馬斯卡彭起司	義大利	103
Saint Agur	聖艾格起司	法國	84
Gerard Selection Fromage Blue	爵亨精選藍黴起司	法國	77

Shropshire Blue	羅普藍黴起司	英國	166
Danablu	丹麥藍起司	丹麥	156
－ － － －	二世古 空〔ku:〕起司	日本	178
Blue '61	'61藍黴起司	義大利	103
Blue Stilton	斯蒂爾頓起司	英國	165
Bleu de Graven	格雷弗爾藍黴起司	荷蘭	149
Bleu des Causses	科斯藍黴起司	法國	83
Bleu du Vercors-Sassenage	和韋爾高·薩斯納日藍黴起司	法國	77
Bleu de Gex	熱克斯藍黴起司	法國	79
Bleu de Laqueuille	拉奎爾藍黴起司	法國	86
Bleu d'Auvergne	布勒德奧福格起司	法國	83
Fourme d'Ambert	佛姆德阿姆博特起司	法國	85
Fourme de Montbrison	佛姆德蒙布里松起司	法國	78
Bresse Bleu	布瑞斯藍黴起司	法國	79
Frais Plaisir de Saint Agur	菲雷普雷吉爾德聖艾格起司	法國	84
Mycella	米瑟拉起司	丹麥	157
Roquefort	羅克福起司	法國	82

非加熱壓榨起司（洗皮起司）

起司英文名稱	起司中文名稱	國名	頁數
Chimay à la Chimay Rouge	奇美啤酒洗皮起司	比利時	143
Trappe d'Echourgnac	特拉普德須爾拿科起司	法國	97
Ridder	騎士起司	挪威	161
Reblochon de Savoie	瑞布羅申起司	法國	64

非加熱壓榨起司（山羊起司）

起司英文名稱	起司中文名稱	國名	頁數
Queso de Murcia al Vino	莫西亞山羊紅酒起司	西班牙	135

| Chevrotin | 休伯羅坦起司 | 法國 | 68 |

非加熱壓榨起司（半硬質起司）

起司英文名稱	起司中文名稱	國名	頁數
Irish Porter	愛爾蘭波特起司	愛爾蘭	168
Appenzeller	阿彭策爾起司	瑞士	127
Idiazábal	伊迪亞薩瓦爾起司	西班牙	132
Ossau-Iraty	歐娑·伊拉堤起司	法國	94
Castelmagno	卡斯泰爾馬尼奧起司	義大利	111
Cantal	康塔爾起司	法國	96
Creamy Havarti	哈伐第起司	丹麥	155
Queso Manchego	曼徹格起司	西班牙	131
Colby Jack	寇比傑克起司	美國	171
Samsoe	薩姆索起司	丹麥	153
Saint-Nectaire	聖內克泰爾起司	法國	92
Sage Derby	鼠尾草德比起司	英國	168
Tête de Moine	僧侶頭起司	瑞士	128
Tomme de Savoie	薩瓦多姆起司	法國	61
－ － － －	「鶴居」銀標天然起司	日本	177
Napoleon	拿破崙起司	法國	95
Basiron	巴席隆起司	荷蘭	149
－ － － －	花畑牧場十勝拉可雷特起司	日本	177
Petit Agour	普堤亞格爾起司	法國	95
Pecorino Toscano	佩科里諾托斯卡尼起司	義大利	120
Pepper Jack	辣椒傑克起司	美國	171
Baby Gouda	迷你高達起司	荷蘭	147
Mountain Herbs Rebel	高山香草革命起司	德國	139
Mahón	馬洪起司	西班牙	132
Maribo	馬里博起司	丹麥	154
Morbier	莫爾比耶起司	法國	61
Monterey Jack	傑克起司	美國	171

Laguiole	拉吉奧爾起司	法國	97
Raclette	拉可雷特起司	瑞士	129
König Ludwig Bierkäse	路德威黑啤酒起司	德國	138

非加熱壓榨起司
（半硬質起司、硬質起司）

起司英文名稱	起司中文名稱	國名	頁數
Gouda	高達起司	荷蘭	145
Mimolette	米莫雷特起司	法國	57
Bra	布拉起司	義大利	112

非加熱壓榨起司（硬質起司）

起司英文名稱	起司中文名稱	國名	頁數
West Country Farmhouse Cheddar	西部鄉村農家切達起司	英國	166
Edam	埃德姆起司	荷蘭	148
Old Amsterdam	陳年阿姆斯特丹起司	荷蘭	147
Old Dutch Master	老船長高達起司	荷蘭	146
Cheddar（Red · White）	切達起司	英國	167
Beemster Classic	貝姆斯特爾精典起司	荷蘭	146

半加熱壓榨起司（半硬質起司）

起司英文名稱	起司中文名稱	國名	頁數
Asiago	阿夏戈起司	義大利	109
Ubriaco	烏布里亞可起司	義大利	110
Gran Monteo	格蘭蒙特歐起司	義大利	110
Fontina	芳提娜起司	義大利	113

半加熱壓榨起司（硬質起司）

起司英文名稱	起司中文名稱	國名	頁數
Abondance	阿邦當斯起司	法國	64

加熱壓榨起司（硬質起司）

起司英文名稱	起司中文名稱	國名	頁數
Emmental	埃文達起司	法國	62
Emmentaler	埃文達起司	瑞士	125
－ － － －	喀林帕	日本	176
Grana Padano	格拉娜·帕達諾起司	義大利	108
Gruyère	格呂耶爾起司	法國	62
Gruyère	格呂耶爾起司	瑞士	126
Comte	康堤起司	法國	60
Sbrinz	史普林起司	瑞士	127
Parmigiano Reggiano	帕馬森起司	義大利	107
Piave	皮亞韋起司	義大利	111
Pecorino Romano	佩科里諾羅馬諾起司	義大利	119
Beaufort	波弗特起司	法國	63
Montasio	蒙他西歐起司	義大利	108

紡絲型起司（新鮮起司）

起司英文名稱	起司中文名稱	國名	頁數
Scamorza Affumicata	斯卡摩扎煙燻起司	義大利	121
－ － － －	現做莫札瑞拉起司	日本	179
Burrata	布拉塔起司	義大利	121
Mozzarella	馬札瑞拉起司	義大利	115
Mozzarella di Bufala Campana	馬札瑞拉野水牛起司	義大利	120

紡絲型起司（半硬質起司）

起司英文名稱	起司中文名稱	國名	頁數
Steppen	史特佩起司	德國	139
Provolone Valpadana	波羅伏洛起司	義大利	114
Mozzarella	馬札瑞拉起司	丹麥	155

生活樹系列 035

世界起司輕圖鑑
世界のチーズ図鑑

作　　　者	NPO 法人起司專業協會 監修
譯　　　者	蔡麗蓉
總 編 輯	何玉美
副總編輯	陳永芬
主　　編	紀欣怡
封面設計	蕭旭芳
內文排版	菩薩蠻數位文化有限公司
日本製作團隊	**照片** 山上 忠／**插畫** にしぼりみほこ
	設計 NILSON design studio（望月昭秀、境田真奈美）
	執筆協助 草野舞友、中村悟志、竹田東山、見上 愛
	編輯・彙整 3Season 股份有限公司（花澤靖子、佐藤綾香、川村真央）
	校正 柳元順子／**企劃** 成田晴香（Mynavi Publishing Corporation）
	攝影協助 ALPAGE、三祐、世界起司商會、CHESCO、NIPPON MYCELLA、野澤組、murakawa CORPORATION
出版發行	采實出版集團
行銷企劃	黃文慧
業務發行	張世明 · 楊筱薔 · 鍾承達 · 李韶婕
會計行政	王雅蕙 · 李韶婉
法律顧問	第一國際法律事務所　余淑杏律師
電子信箱	acme@acmebook.com.tw
采實粉絲團	http://www.facebook.com/acmebook
I S B N	978-986-93030-9-5
定　　價	450 元
初版一刷	2016 年 6 月
劃撥帳號	50148859
劃撥戶名	采實文化事業股份有限公司
	104 台北市中山區建國北路二段 92 號 9 樓
	電話：（02）2518-5198
	傳真：（02）2518-2098

國家圖書館出版品預行編目資料

世界起司輕圖鑑 / NPO 法人起司專業協會監修；蔡麗蓉譯.
-- 初版 . -- 臺北市：采實文化，2016.06
　　面；　公分 . --（生活樹系列；35）
　譯自：世界のチーズ図鑑
　ISBN 978-986-93030-9-5（平裝）

1. 乳品加工 2. 乳酪

439.613　　　　　　　　　　　　　　　105007676

SEKAI NO CHEESE ZUKAN by CHEESE PROFESSIONAL
ASSOCIATION
Copyright © 2015 3season Co., Ltd.
All rights reserved.
Original Japanese edition published by Mynavi Publishing
Corporation
This Traditional Chinese edition is published
by arrangement with Mynavi
Publishing Corporation, Tokyo in care of Tuttle-Mori Agency,
Inc., Tokyo through
Keio Cultural Enterprise Co., Ltd., New Taipei City, Taiwan.